DIRECT CURRENT AND STORED ENERGY

直流与储能

张 喆 滕为公 杨桂红 著

西北工业大学出版社

西 安

【内容简介】 本书共6章，主要内容包括：第1章主要介绍直流系统的主要应用场景；第2章主要介绍锂电池种类、化学原理、电池管理系统的原理和应用；第3章主要介绍电动汽车充电系统；第4章主要介绍工商业储能系统；第5章为基础电力电子技术 MATLAB 仿真；第6章主要介绍燃料电池技术及其未来发展方向。

本书可供相关研究人员阅读、参考。

图书在版编目（CIP）数据

直流与储能 / 张喆，滕为公，杨桂红著. — 西安：西北工业大学出版社，2022.10
ISBN 978-7-5612-8496-4

Ⅰ.①直… Ⅱ.①张… ②滕… ③杨… Ⅲ.①电池－储能－研究 Ⅳ.①TM911

中国版本图书馆 CIP 数据核字 (2022) 第 208651 号

ZHILIU YU CHUNENG

直流与储能

张喆　滕为公　杨桂红　著

责任编辑：朱晓娟　董珊珊　　装帧设计：陆思佳
责任校对：胡莉巾　吕颐佳
出版发行：西北工业大学出版社
通信地址：西安市友谊西路 127 号　　邮编：710072
电　　话：(029) 88491757，88493844
网　　址：www.nwpup.com
印 刷 者：廊坊市印艺阁数字科技有限公司
开　　本：787 mm × 1 092 mm　　1/16
印　　张：10.875
字　　数：213 千字
版　　次：2022 年 10 月第 1 版　　2023 年 7 月第 1 次印刷
书　　号：ISBN 978-7-5612-8496-4
定　　价：58.00 元

前　言

2020年9月22日，国家主席习近平在第七十五届联合国大会一般性辩论上表示，中国将提高国家自主贡献力度，采取更加有力的政策和措施，二氧化碳排放力争于2030年前达到峰值，努力争取2060年前实现碳中和。这是中国对世界做出的庄严承诺，它的实现有赖于可再生能源的发展。

相较于光伏、风电等可再生能源发电已有十多年的市场化应用和产业配套相对成熟的发展现状，储能及其相关产业的发展目前还处于早期阶段，商业模式、产业配套还不完善，缺少专业人士推广。这也是笔者撰写本书的初衷。

本书主要介绍电池储能原理和储能系统。其中：第1章主要介绍直流系统在工业和商业环境中的主要应用，用多个应用场景告诉读者直流系统其实很早就出现在人们身边；第2章主要介绍锂电池的种类、化学原理、电池管理系统的主要构成及动力电池的处理问题；第3章主要介绍电动汽车的充电系统；第4章主要介绍主流的工商业储能系统；第 5 章是本书最大的亮点，将电力电子系统通过 MATLAB 软件进行仿真，通过波形图直观地呈现给读者，以供读者参考；第 6 章主要介绍燃料电池的发展，重点介绍燃料电池技术及未来的主要发展方向。

本书的主要案例由滕为公提供，MATLAB 模型由杨桂红及张喆共同完成。

在此，特别感谢王蒙、田烨、顾君君在文字校对和图片设计等工作上给予的大力帮助。在编写本书的过程中，曾参阅了相关文献资料，在此向相关作者表示感谢。

由于水平有限，书中难免存在不足之处，恳请读者批评指正。

张 喆

2021 年 12 月 14 日

目录

第1章　直流电与直流系统

美国学者杰里米·里夫金（Jeremy Rifkin）提出第三次工业革命的5项特征：利用可再生能源；将建筑转化为微型发电厂；在建筑及基础设施中使用储能技术；利用能源互联网技术将分散的电力网转化为能源共享网络；运输工具转向插电式及燃料电池动力车辆。

这5项特征清楚地指出了未来低碳能源系统的技术路线，即将产能、供能、用能、蓄能和节能相互协调统一，像互联网一样把分散的用能和分布式的产能互相联通、实现共享，就地收集、就地存储、就地使用①。

1.1　直流电与交流电

西汉时期著名文集《淮南子·坠形训》中有“阴阳相薄为雷，激扬为电”的记载，表示阴阳两气彼此相击产生雷，相互渗透产生电，这是古人对雷电成因的一种表述。

东汉王充在《论衡》中提出“顿牟掇芥”。“顿牟”即玳瑁，其甲壳经摩擦后会产生静电，可以吸引“芥”（菜籽）一类的轻小物体。这是古人对摩擦起电

① 宋强，赵彪，刘文华，等.智能直流配电网研究综述［J］.中国电机工程学报，2013，3（25）：10.

现象的描述，类似于我们今天用圆珠笔摩擦头发，然后去接触小纸片，小纸片被吸附的现象。雷电与摩擦产生的电都是自然界中的直流电。其中，雷电是直流放电的最直观形式。而交流电则是“人造电”，是通过电磁感应制造出来的。

电磁感应现象的发现者是法拉第（Faraday）。1831 年 8 月，法拉第在软铁环两侧分别缠绕两个线圈：①闭合回路，在导线下端附近平行放置一根磁针；②与电池组相连，接开关，形成有电源的闭合回路。实验发现：合上开关，磁针偏转；切断开关，磁针反向偏转。这表明在无电池组的线圈中出现了感应电流。法拉第的实验表明，无论用什么方法，只要穿过闭合电路的磁通量发生变化，闭合电路中就会有电流产生，这被称为“电磁感应现象”，所产生的电流称为“感应电流”。

1.2 爱迪生与特斯拉

1879 年，爱迪生（Edison）（见图 1–1）发明了白炽灯。这种灯在现实生活中得到迅速普及。爱迪生本人因此成为一名成功的企业家和世界知名的发明家。事实上，他面临的问题很多。在当时，如果一个住宅区里的灯与发电站的距离超过 1 km，就无法获得足够的电压和电流发出强光。这是因为当时的直流电无法远距离传输。为了使自己设计的灯正常运行，爱迪生只得在每隔 1 km 的地方建造一座发电站，或者将若干个直流发电站连接在一起，以便产生更多的电流。

此时，年轻的特斯拉受聘于爱迪生的企业。特斯拉（见图 1–1）的全名是尼古拉·特斯拉（Nikola Tesla，1856—1943）。特斯拉生于南斯拉夫，1884 年移民美国，并获得了耶鲁大学及哥伦比亚大学名誉博士学位。

他的第一份工作就是完善爱迪生的这套直流发电系统。特斯拉制定的多种直流发电机方案取得了很好的效果，他试图说服爱迪生接受他所设计的交流发电机，但是爱迪生没有接受。

于是，特斯拉辞职转而加入了西屋公司。在西屋公司，特斯拉开始设计生产大型的、高功率、高频率交流发电机，以弥补直流发电机的缺陷。

在得知特斯拉和他的交流发电机取得成功后，爱迪生意识到自己的对手非常强大，他开始了一场针锋相对的行动。为了向人们展示交流电的危险性，爱迪生用交流电残忍地电死了一些小猫、小狗。受此启发，美国人发明了行刑用的电椅。为了反击爱迪生的攻击，特斯拉也在各种舞台上进行了很多交流电的表演。特斯拉和爱迪生的这种竞争，被后世称为“电流大战”。

图 1-1　爱迪生（左）与特斯拉（右）

1893 年，芝加哥世界博览会开幕，数万盏由特斯拉的交流电点亮的电灯照亮了整个会场。不久之后，世界上第一座水力发电站开始在尼亚加拉大瀑布上建造，交流发电机被选中。1895 年，水力发电站建成，交流发电机把电流传输到了 35 km 以外的城市。这一事件宣告交流电彻底战胜了直流电。此后的 100 多年，交流电成为工商业用电和民用电的唯一选择。

1915 年，爱迪生获得诺贝尔物理学奖提名，1937 年，特斯拉获得诺贝尔物理学奖的提名，但是他们都没有获得这个奖项。一些人认为，这是因为那场持续了多年的电流大战使他们暴露出了人性的弱点[①]。

1.3　早期直流输电的缺陷

1831 年，法拉第发现电磁感应定律，并制成第一台圆盘式单极直流发电机。1882 年，法国物理学家和电气技师马赛尔·德普勒（Marcel Deprez）将装设在米斯巴赫煤矿中的 3 ps（马力，1 马力 = 735 W）直流发电机所发的电能以 1 500 ～ 2 000 V 的电压送到了 57 km 以外的慕尼黑国际博览会上，完成了第一次输电试验。多年后，直流电的输电电压和距离分别达到了 125 kV 和 225 km。

受限于当时的技术条件，只有采用直流发电机串联（电枢串联或励磁串联）的方式才能获得高压直流电。高压大容量直流电机的换向困难，且串联运行方式比较复杂，可靠性差。而交流电可以通过变压器使电压升高或降低，灵活方便。因此，直流输电在近半个世纪里都没有得到进一步发展。

① 邓玉良．特斯拉：一位慷慨的电学大师和天才的发明家［J］．大学物理，2000，19（6）：34.

1.4 直流发电机和交流发电机原理

图 1–2 所示为直流发电机原理模型，其中 N、S 为磁极，*a*、*b*、*c*、*d* 是固定在可旋转导磁圆柱体上的线圈，线圈连同导磁圆柱体称为“电机的转子”。线圈的首末端 *a*、*d* 连接到两个相互绝缘并可随线圈一同旋转的换向片上。转子线圈与外电路的连接是通过放置在换向片上固定不动的电刷 *A*、*B* 进行的。

当电机转子逆时针旋转时，线圈 *a*、*b*、*c*、*d* 将感应电动势（电压）。图 1–2 中：导体 *a*、*b* 在 N 极下，*a* 点为高电位，*b* 点为低电位；导体 *c*、*d* 在 S 极下，*c* 点为高电位，*d* 点为低电位。电刷 *A* 极性为正，电刷 *B* 极性为负。

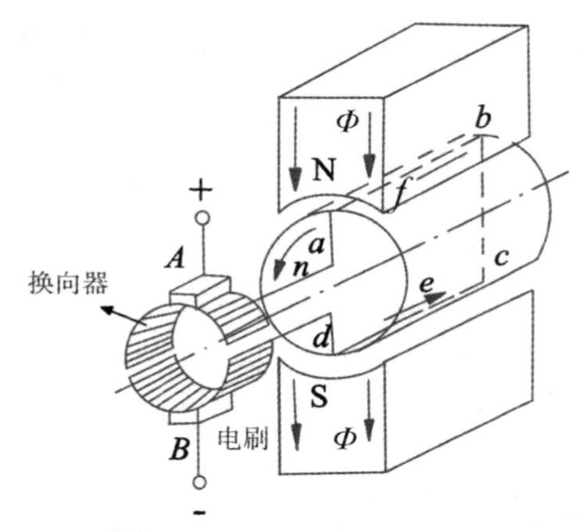

图 1–2　直流发电机原理模型

同理，如果将电刷 *A*、*B* 接到直流电源上，电刷 *A* 接正极，电刷 *B* 接负极。此时，电枢线圈中将有电流流过，在磁场作用下，N 极下导体 *a*、*b* 受力方向从右向左，S 极下导体 *c*、*d* 受力方向从左向右。该电磁力形成逆时针方向的电磁转矩。当电磁转矩大于阻转矩时，电机转子逆时针方向旋转，这就是直流电动机原理。

由上述内容可知，用机械能带动电枢旋转，可在电刷两端得到一个直流电动势作为电源，将机械能转化为电能而成为发电机。在电刷两端加上直流电压输入电能，即可拖动生产机械，将电能转化为机械能而成为电动机。这就是直流电动机的可逆性。

交流发电机和直流发电机的原理几乎是相同的，只不过交流发电机没有换向器，而是把图 1–2 中的换向器（两个半铜环）换成了两个滑环（整铜环）。交流发电机原理模型如图 1–3 所示。

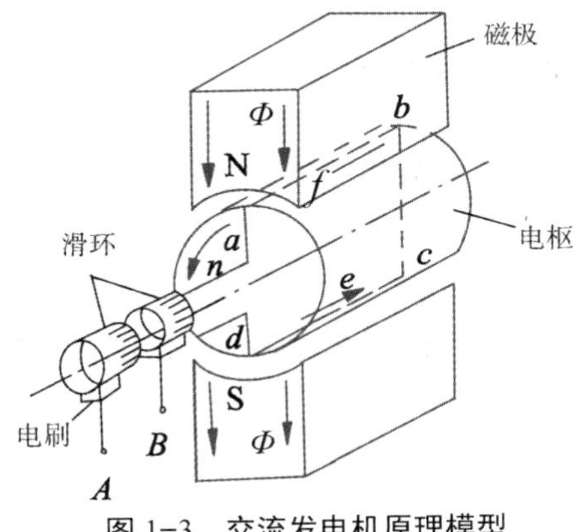

图 1-3　交流发电机原理模型

直流电和交流电在波形上的区别如图 1-4 所示。交流电并不一直是光滑的正弦波曲线，如图 1-4 中的交流电（b）。直流电也并不一直是一条标准的直线，如图 1-4 中的直流电（a）和（b）。经过“不完美”逆变的交流电（b），但是它的波形依旧按规律地在“过零点”处反转。直流电（a）是脉冲型直流电，按照时间规律形成一个又一个脉冲。直流电（b）是最典型的直流电，它的波形在一个固定的数值附近“震荡”。常见的太阳能电池组件输出的波形在示波器显示下就是这种形状的直线。

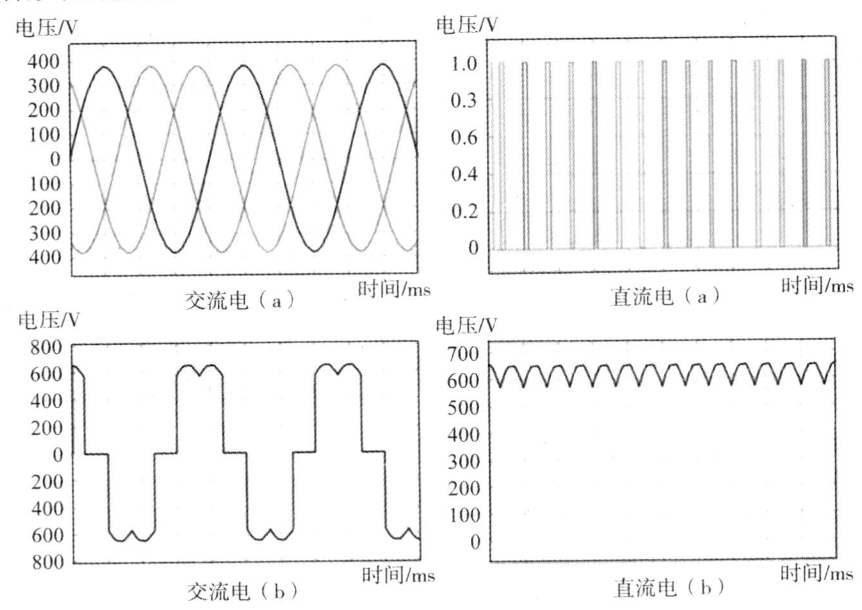

图 1-4　直流电和交流电的波形

1.5 直流电应用的“春天”

100 多年前，直流电败给交流电是受当时的技术条件所限，一是无法远程传输，二是当时半导体开关技术发展较慢。直流电不像交流电那样有电流波形的“过零点”，因此灭弧比较困难。数十年来，大容量远距离输电线路不断延长，随之而来的线路损耗变得越发不能忽视。交流输配电受到必须同步运行的经济限制，技术越来越复杂，成本也越来越高。而直流输电经过对比后却显得更为经济合理，而且直流输电比交流输电有更好的运行特性。因此，直流电的很多优势被人们重新认识。

1.5.1 低成本优势

输送相同功率时，直流输电所用线材仅为交流电的 1/2~2/3 。直流输电采用一根（单级）线材或两根（双级）线材传输，用大地或海水作为回路。与采用三线制三相交流输电相比，在输电线截面积相同和电流密度相同的条件下：如果不考虑趋肤效应，可以输送相同的电功率，而输电线和绝缘材料可节约 1/3；如果考虑到趋肤效应和各种损耗（绝缘材料的介质损耗、磁感应的涡流损耗、架空线的电晕损耗等），输送同样功率交流电所用导线截面积大于或等于直流输电所用导线截面积的 1.33 倍。因此，直流输电所用的线材几乎只有交流输电的 1/2。同时，直流输电杆塔结构比同容量的三相交流输电简单，线路走廊占地面积也少。

高压输电线路经过大城市时，有时需要采用地下电缆；高压输电线路经过海峡时，需要用海底电缆。由于电缆与大地之间构成“电容器”，就会产生电容电流（位移电流），电容电流损耗极为可观 。一条 110 kV 的电缆，每千米的电容约为 0.15 μF，每千米充电功率约为 3 × 90 kW，在每千米输电线路上，每年耗电超过 200 余 kW · h。而在直流输电中，由于电压波动很小，基本上没有电容电流加在电缆上，因此就不会有电容电路的损耗，这就为地下高压输电带来了经济上的可行性，也可以避免像 2008 年雪灾时，大范围线路停电、线路损坏造成的损失[①]。

1.5.2 技术优势与必要性

（1）输电网“友好”。大规模直流输电系统两侧的交流系统无须同步运行，

---

① 国家电网公司 . 国家电网公司促进清洁能源发展综合研究报告［R］. 北京：国家电网公司，2009：4.

而大规模交流输电必须同步运行。在交流远距离输电时，电流的相位在交流输电系统的两端会产生显著的相位差；并网的各系统交流电的频率虽然规定统一为 50 Hz，但实际上常会产生波动。这两种因素引起远距离交流系统不能同步运行，需要复杂庞大的补偿系统加以调整，否则就可能在设备中形成强大的环流从而损坏设备，进而造成停电事故。直流输电线路互联时，它两端的交流电网可以用各自的频率和相位运行，不需要进行同步调整。直流输电原理如图 1–5 所示。

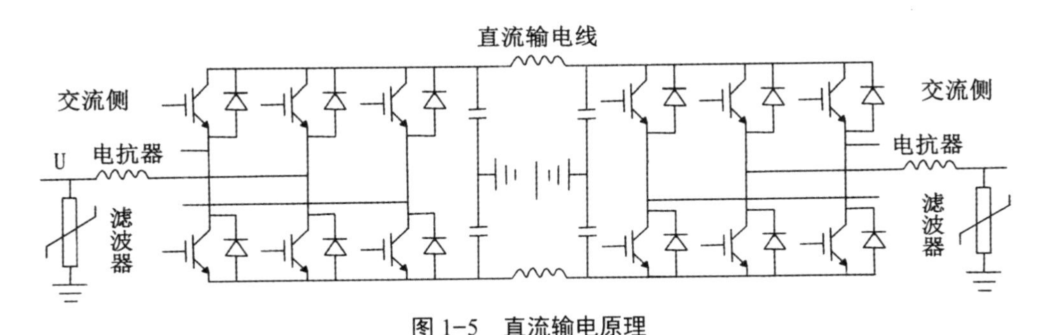

图 1–5　直流输电原理

（2）新能源“友好”型。新能源大规模、广泛的应用催生了直流应用，这必须得到重视。风电、太阳能等新能源发电具有间歇性、随机性特点。随着各种大规模新能源电源接入电网，传统的电力装备、电网结构和运行技术等在接纳超大规模新能源电源方面越来越力不从心。因此，必须采用新技术、新装备和新电网结构来满足未来能源格局的深刻变化。而基于常规直流及柔性直流的多端直流输电系统和直流电网技术是解决这一问题的有效技术手段之一①。

（3）配电网“友好”型。随着科技水平的不断提高，民用建筑物中直流负载的比例也不断增加，这些直流负载主要为低压直流设备、电子镇流设备、变频传动设备。其中：属于低压直流设备的有个人计算机、液晶电视、交换机、打印机等信息类设备和其他直流驱动设备。属于电子镇流设备的有配备电子镇流器的荧光灯和其他气体放电灯。属于变频传动设备的有变频风机、变频水泵、变频电梯、变频冰箱、变频空调、变频洗衣机等。以上设备在接入传统交流电网时，需要先将交流电整流为直流电，在整流过程中会向配电网中注入大量的谐波电流。

在大力提倡节能减排的形势下，直流电机设备（如直流空调）、电动汽车、

① 温家良，吴锐，彭畅，等 . 直流电网在中国的应用前景分析［J］. 中国电机工程学报，2012，32（13）：9.

发光二极管（Light-Emitting Diode，LED）照明等直流负载也在迅速进入建筑物配电系统。因此，在低压配电系统中直流负载所占比例不断增大。对于直流负载而言，采用交流配电势必增加设备的整流单元，不仅增加了设备造价，也增加了能源消耗。另外，由于负载的多样化，低压交流电网的电能质量问题日益突出，谐波干扰、无功补偿等因素使得配电系统消耗了大量电能，且随着分布式能源的不断应用与交流并网对相位和频率的严苛要求，使得分布式发电设备并网比较复杂。与之相反的是，直流供电方式并网简单，且电能质量更容易兼容分布式能源[①]。

（4）电动汽车“友好”型。为解决燃油汽车的尾气排放问题，政府大力推动电动汽车产业的发展。我国电动汽车行业将步入快速发展期，大量电动汽车接入配电网的充电行为将为电网和设备带来较大影响。电动汽车充电站作为一个大功率的非线性负荷，在充电（整流）时产生的谐波将影响电网的电能质量。如果不对其加以治理，就会导致电网损耗增加、设备过热寿命损失、对控制和通信电路的干扰等不利因素，影响电网其他用电设备的正常运行。而如果使用直流电充电，就可以避免污染电网[②]。

1.6 直流系统在各领域的应用

直流电并非新能源的专用电，早在各种新能源大规模应用前，直流电就被广泛应用于很多重要领域。例如：在交通运输业中，直流驱动的磁悬浮列车、地铁具有高速、安全等优点；通信行业中，互联网数据中心（Internet Data Center，IDC）机房广泛地应用了直流供电系统；港口码头的起重机使用的直流系统可以把重力势能转化成电能储存在蓄电池中，起到节能的作用；矿山使用的电动机械可以减少柴油燃料的污染，还可以节约大量的燃料费用；油田行业面临的油改电问题，可以把通井机、修井机等柴油机械改为电力驱动……

1.6.1 发电厂的直流屏系统

早在数十年前，发电厂的直流屏系统（以下简称“直流系统”）就被广泛使用。直流系统主要用于各种重要开关的远距离操作、信号设备、继电保护、自动

① 雍静，徐欣，曾礼强，等．低压直流供电系统研究综述［J］．中国电机工程学报，2013，33（7）：47.

② 江道灼，郑欢．直流配电网研究现状与展望［J］．电力系统自动化，2012，36（8）：101.

装置；同时，为一些重要的直流负荷，如直流油泵、事故照明和不间断电源等的重要安全保护设备供电，其作用至关重要。日本福岛核电站事故发生的第二天出现氢气爆炸，就是因为所有安全保护开关都失去了控制电源，核反应堆无法受控，引发了连锁的化学反应，产生了氢气，最后导致爆炸。

发电厂的直流系统原理如图 1–6 所示，直流屏系统现场实景如图 1–7 所示。直流系统一般由蓄电池组、交流 / 直流（Alternating Current/Direct Current，AC/DC）充电器、放电装置、绝缘检测、直流负荷和监控模块等组成。图 1–6 所示采用的是双线供电制，即两路交流电源接入，如果一路发生故障，则使用备用电源，若备用电源也发生故障，则启用蓄电池。

大型发电厂一般有若干个单独的直流系统，用于控制室、网络控制室。同时，每台发电机组设置有两套 110 V 直流系统，为继电保护、控制操作信号设备及自动装置等直流负荷供电。每台机组另设一套 220 V 直流系统，为发电机组事故润滑油泵、密封油直流油泵、气泵事故润滑油泵、不停电电源系统（Uninterruptible Power Supply，UPS）及控制室的事故照明等直流动力负荷供电[①]。

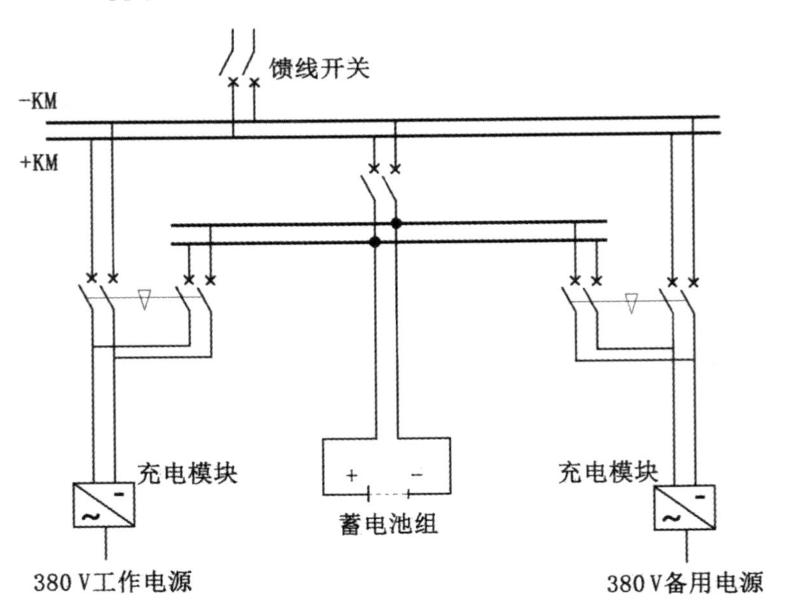

图 1–6 发电厂的直流系统原理

① 华润电力（常熟）有限公司 . 直流系统和 UPS［EB/OL］.（2015–07–21）［2021–12–14］. http://www.doc88.com/p–2078215047890.html.

图 1-7　直流屏系统现场实景

1.6.2　直流 IDC 数据中心

随着我国计算机技术的不断发展，互联网数据中心（IDC）机房的建设规模不断扩大，其消耗的电能也越来越多。因此，如何实现 IDC 机房的节能减排，成为业内关注的焦点话题①。

IDC 机房服务器设备多选用交流 UPS 供电。IDC 机房中的 UPS 成为影响数据网络可靠运行的重要因素，大批量使用 UPS 供电的机房在电能损耗、供电可靠性方面显现出的问题越来越多。因此，近些年高压直流（所谓的高压是与传统电信行业标准 48 V 电压相比）供电系统（DC 240 V/336 V）应运而生，高压直流供电与 UPS 供电相比更具有明显优势。

（1）高压直流系统没有繁杂的交直流变换系统，供电稳定性更高。

（2）由于少了交直流变换环节，损失在电路和各种变压器上的电能更少，从而使 IDC 机房的能耗更低。高压直流系统的原理如图 1-8 所示，传统 UPS 供电原理如图 1-9 所示②。

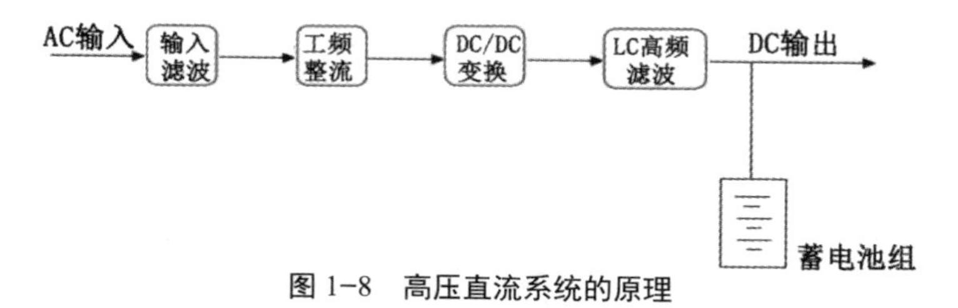

图 1-8　高压直流系统的原理

① 陈燕树 .IDC 机房节能减排技术的应用研究［J］. 中国设备工程，2018（14）：76.

② 俞金明 . 浅析 240 V 直流高压系统与传统 UPS 系统的优势［J］. 中国新通信，2019，21（20）：93.

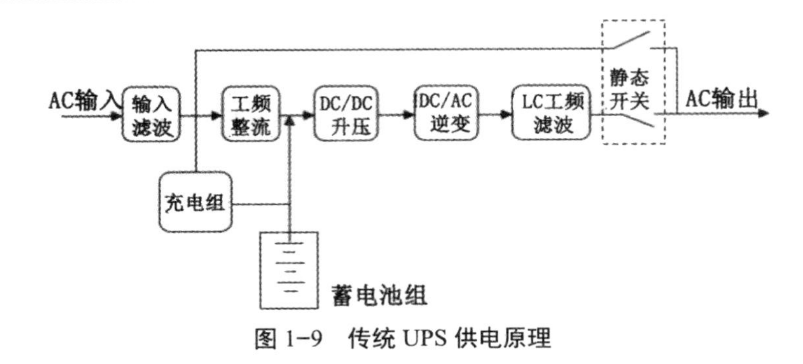

图 1-9 传统 UPS 供电原理

（3）对比图 1-8 和图 1-9 可知，传统高压直流系统比传统 UPS 系统减少了很多环节，工作效率更高、体积更小。由于直流供电不需要考虑交流设备的相位、幅值、频率问题，IDC 直流供电设备可以“热插拔”地随意增减容量。

（4）使用传统 UPS 会使用电单位的功率因数很低，当负载较小时，系统功率因数可能会降到 0.5 ～ 0.6，这就要投入价格昂贵的有源电力滤波（Active Power Filter，APF）或静止无功发生器（Static Var Generator，SVG），以改善电网的功率因数，否则就会被电网罚款。如果选用高压直流供电，则功率因数一般可以达到 0.9 以上。

（5）由于减少了环节就减少了设备，因此，系统投资更低、成本更少。

IDC 数据机房的设备都是标准化、模块化的。机柜使用冷轧板制造，一般要求承重立柱厚 2.0 mm、非承重侧板及前后门厚 1 ～ 1.2 mm。42 U 机柜是最常见的标准机柜。U（Unit）是一种表示服务器外部尺寸的单位，1 U = 4.445 cm。现在全世界的服务器厂商和模块化电源以及其他设备厂商，都沿用这个标准。比如，一台刀片式服务器的高度是 2 U ≈ 9 cm，模块化电源的厚度为 4 ～ 6 U。这些设备都安装在机柜的导轨上，在单独调试或维护检修时，抽屉一般都非常方便抽出。标准机架和模块化电源及刀片式服务器如图 1-10 所示。

图 1-10 机房标准机架和模块化设备

1.6.3 直流系统在集装箱码头的应用

集装箱码头有各种各样的起重机，码头门式起重机（龙门吊）如图 1–11 所示。这些起重机把集装箱或重物从船上装卸下来，这时重力势能转化为电能。当起重机把集装箱或重物从地面吊装到指定高度时，电能转化为重力势能。

图 1–11 码头门式起重机（龙门吊）

码头传统起重设备用柴油作为能源，油改电以后用市电作为能源。传统起重设备配电原理如图 1–12 所示。

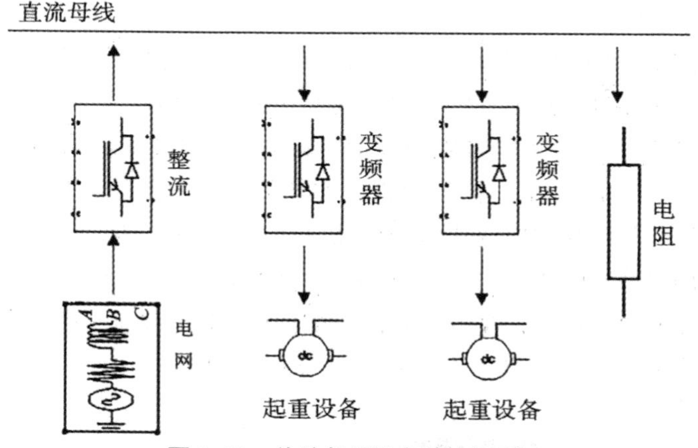

图 1–12 传统起重设备配电原理

在传统起重设备配电系统中，变频器将重力势能通过“电阻”（刹车制动用）以热的形式消耗掉，造成巨大的能源浪费[①]。随着科学技术的进步，如今很多大

① 陈余德 . 宁波港北仑第二集装箱码头分公司龙门吊能量回馈系统研究与应用项目通过验收［J］. 港口科技 ,2012（11）：1.

型起重机械采用了新的“交流滑环电动机的无级调速技术”。这种技术采用将电动机电枢调压和改变电动机力矩特性相结合的方法。不管是直流电动机调速装置，还是交流电动机调速装置，电流都可以双向流动。也就是说，这种电机在提升重物时是一种电动机，卸下重物时是一种发电机。因此，重力势能可以转换成电能加以利用。

安装能量回馈装置的起重设备配电原理如图 1–13 所示。利用新的无级调速技术，可以在原来的直流母线上安装一套能量回馈装置。当能量回馈装置工作时，它会监测直流母线的电压。当母线电压上升到设定值时，能量回馈装置启动，将直流电逆变为三相交流电 ①。

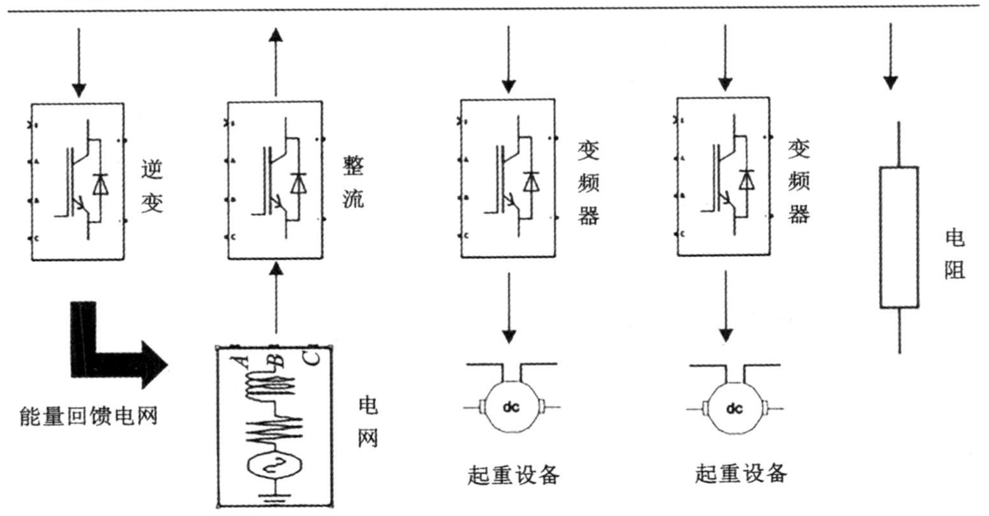

图 1–13 安装能量回馈装置的起重设备配电原理

陈余德以宁波港北仑第二集装箱码头分公司龙门吊能量回馈系统研究与应用项目为分析对象，证明基于某品牌能量回馈装置的集装箱龙门吊节能改造方案可行。它的节电效果明显，保守估计节电率在 30%左右。

与此技术类似的是电梯的能量回馈装置，电梯的系统图里出现了电梯专用的对重系统。人们在乘坐观光电梯时能够看见对重系统（一组金属块）。对重系统最主要的作用是以自身重量来平衡轿厢侧的重量。减少电梯曳引机的输出功率，对重的重量通常是轿厢满载时重量的 1/2。电梯原理如图 1–14 所示。

① 郁东青 . 能量回馈装置在龙门吊中的节能作用［J］. 宁波节能，2014（4）：30–33.

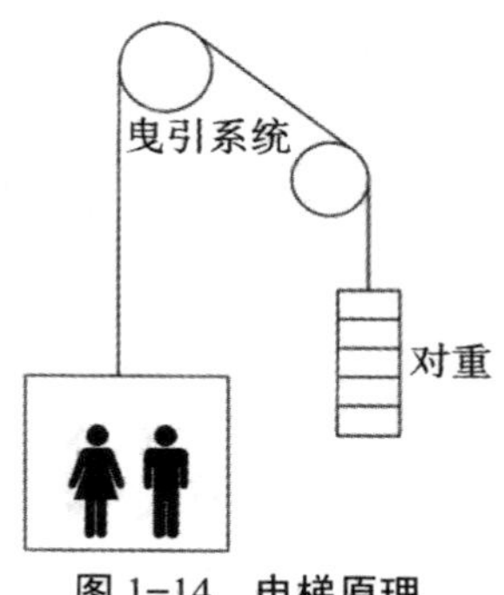

图 1-14　电梯原理

（1）当轿厢侧的重量大于对重侧时，轿厢依靠重力就可以向下运行，这时曳引系统处于被动旋转状态，也就是发电状态。

（2）当轿厢侧的重量小于对重侧时，对重依靠重力也可以自发向下运行，这时曳引机也处于被动旋转状态，处于发电状态。

老式变频器在曳引机处于发电状态时，回馈电能也被制动电阻吸收，转换为热能浪费掉了。安装新式回馈系统后，可以把多余的电能回馈电网，或者存入蓄电池中，起到节能减排的作用。

1.6.4 直流在轨道交通领域的应用

人们日常乘坐的地铁绝大部分是直流供电的，地铁受电弓供电原理如图 1-15 所示。市电 35 kV 的交流电经过整流变成 750 V 或 1 500 V 的高压直流电。地铁机车的直流电动机通过受电弓从接触网上取电，牵引车厢前进。

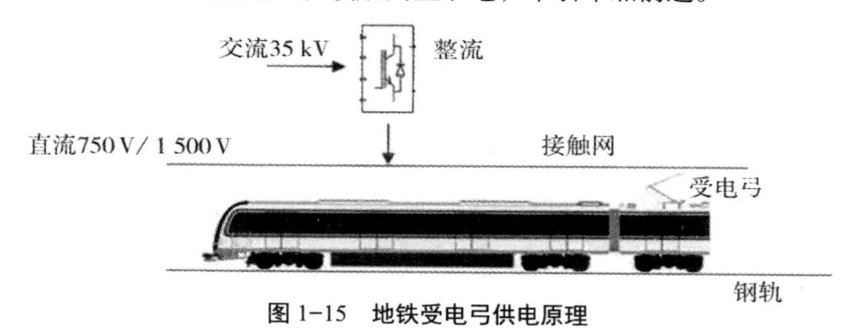

图 1-15　地铁受电弓供电原理

地铁需要频繁地启停或改变运行速度，早期的交流电动机是没办法满足这种需求的（早在 19 世纪地铁就在英国伦敦开始运行了），因此，地铁一直靠直流电动机进行拖动。

直流电动机在电力拖动系统中较交流电机具有良好的启动性能、制动性能、调速性能和控制性能，使直流电动机运动控制系统（以下简称“直流调速系统”）在轨道交通行业中得到广泛应用。随着电力电子行业的发展，如今大量电子开关以及精密的整流、逆变设备的应用，使交流电机拖动能力变得十分优异。但是使用交流电机拖动需要对地铁的配电系统进行大规模的改造，所以地铁的供电系统沿用了直流的方式。而高铁系统是新建系统，可以重新建设配电系统，所以高铁使用的是交流电力拖动技术，高铁的接触网电压等级是 25 kV/50 Hz。

地铁有两种电压：直流750 V 和直流1 500 V。供电方式也有1 500 V 的系统通过受电弓取电和750 V 的系统通过第三轨取电两种，如图1–16 所示。

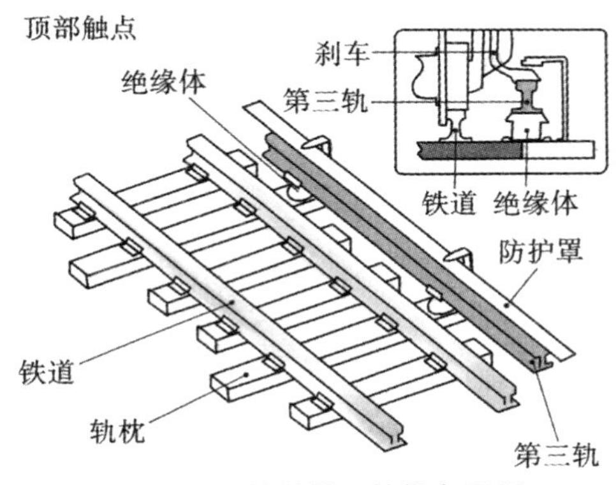

图 1–16 地铁第三轨供电原理

1.6.5 直流建筑

顾名思义，直流建筑就是完全用直流供电的绿色建筑。居民家庭生活中需要大量使用直流电，如计算机、手机、电视、电梯、电冰箱（压缩机）、洗衣机、空调（变频）等①。目前，这些直流用电器都是通过 AC/DC 适配器（充电器）将市电整流成直流电的。但就交流—直流这个变换过程来说，每天要浪费很多电能。日本有关机构测算，若在住宅中全面实施直流供电，则在电能转换过程中节省的能耗为现有住宅电力消耗量的 10%～20%。

根据杨鹏举的研究数据，当在服务器上读取资料时：交流—直流变换的损耗为 12%～20%；LED 照明的损耗为 12%～20%；电动汽车充电的损耗为 3%～10%；一般电器的损耗为 15%～20%。

如果直接用直流供电，在服务器上读取资料时：交直流变换的损耗变为 0；

① 武洪基 . 低压直流配电技术在民用建筑中的应用［J］. 电力系统装备，2019（22）：65.

LED 照明的损耗变为 3%～6%；电动汽车充电损耗变为 1%～5%；一般电器损耗变为 3%～6%。交流—直流变换损耗对比如图 1-17 所示。

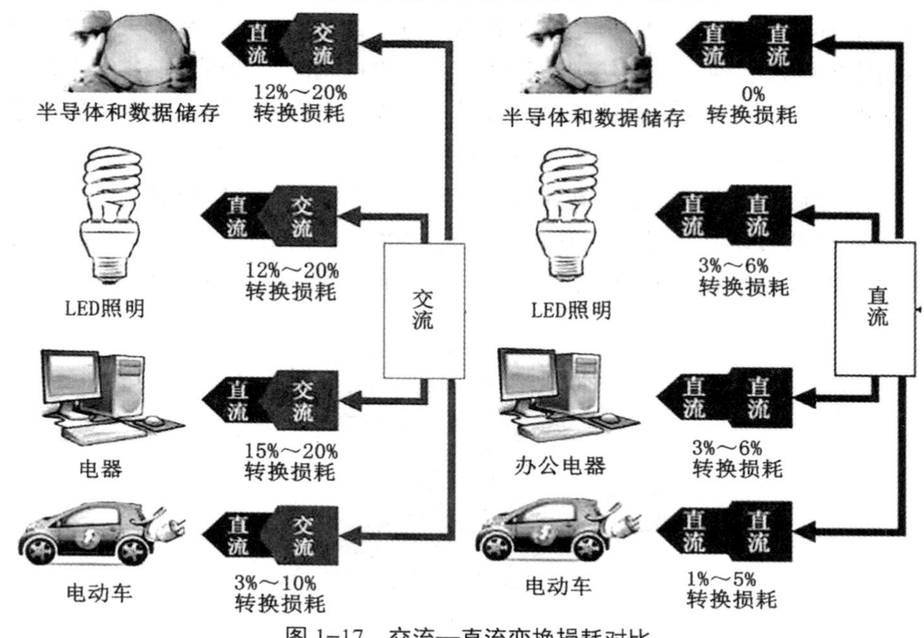

图 1-17　交流—直流变换损耗对比

光伏的大量接入也成为推动直流建筑的主要因素。光伏在通过逆变器接入建筑物的配电网后，虽然起到了显著的节能减排作用，然而会带来功率因数、谐波的问题。如果光伏直接接入直流建筑，就避免了上述问题。光伏产生的直流电可以直接存储在电池中，供夜间使用。同时也解决了光伏对电网越来越高的“渗透率”，使建筑成为真正的“微电厂”。

当前，仍有很多因素阻碍直流建筑普及，只有少数建筑规范和标准可用于直流电系统。而现有标准化的差距主要包括：连接器、接线、接口；电子电路保护；安全测试和测试方法；能源效率标准等。随着博世等大公司开始研制商用直流电器，直流电产品不足的影响将逐渐减弱，也有助于标准化和建筑规范的差距在未来 10 年逐渐缩小，加速建筑物直流配电系统的推广应用[①]。

未来的“零”碳社会并不是靠可再生能源“一蹴而就”，而是通过各个行业的不断努力，从各个环节进行节能改造，“积小流以成江海”，最后实现真正的“零”碳社会。

① 杨鹏举 . 浅析建筑物直流配电系统的现状和未来发展 [J]. 现代建筑电气，2019，10（11）：3.

第 2 章　锂电池和电池管理系统

人们现在常说的锂电池是锂离子电池或锂蓄电池，是 1990 年由日本索尼公司研制并首先实现商品化的，它的出现是可充电电池历史上的一次飞跃，现已在可充电电池领域占据了领先地位，其分类如图 2–1 所示。

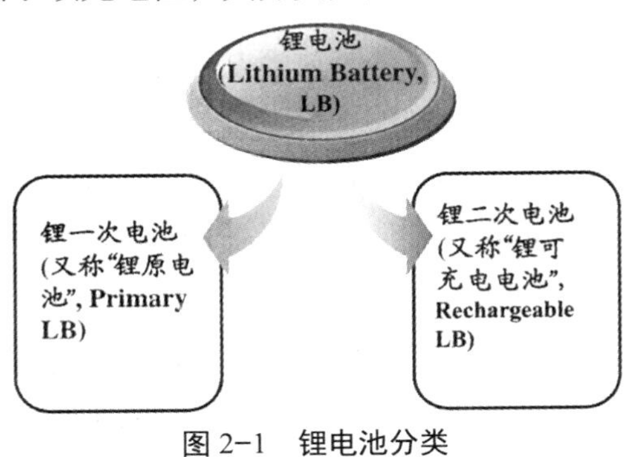

图 2–1　锂电池分类

2.1 锂电池的组成

2.1.1 锂电池的正极材料

目前，市场上主流的锂电池的正极材料有磷酸亚铁锂、锰酸锂、钴酸锂和镍钴锰三元材料等 4 种。锂电池的正极材料参数见表 2-1。

表 2-1　锂电池的正极材料参数

材料主成分	磷酸亚铁锂	锰酸锂		钴酸锂	镍酸锂	镍钴锰三元材料
	$LiFePO_4$	$LiMnO_4$	$LiMnO_2$	$LiCoO_2$	$LiNiO_2$	$LiNiCoMnO_2$
理论能量密度 / mA·h·g^{-1}	170	148	286	274	274	278
实际能量密度 / mA·h·g^{-1}	130 ～ 140	100 ～ 120	200	135 ～ 140	190 ～ 210	155 ～ 165
电压 /V	3.2 ～ 3.7	3.8 ～ 3.9	3.4 ～ 4.3	3.6	2.5 ～ 4.1	3.0 ～ 4.5
循环性 / 次	＞ 2 000	＞ 500	差	＞ 300	差	＞ 800
过渡金属	非常丰富	丰富	丰富	贫乏	丰富	贫乏
环保性	无毒	无毒	无毒	钴有放射性	镍有毒	钴、镍有毒
安全性能	好	良好	良好	差	差	尚好
适用温度	-20 ～ 75℃	＞ 50℃快速衰减	高温不稳定	-20 ～ 55℃	N/A	-20 ～ 55℃

1. 钴酸锂

钴酸锂化学式为 $LiCoO_2$（简写为 LCO），是一种无机化合物，一般用作锂电池的正电极材料。其外观呈灰黑色粉末。钴酸锂电池结构稳定、容量比高，主要用于中、小型号电芯，应用于笔记本电脑、手机等小型电子设备中，标称电压为 3.7 V。

锂钴氧化物能够大电流放电，并且放电电压高、放电平稳、循环寿命长，因此成为最早用于商品化的锂蓄电池的正极材料。在过充电条件下，由于锂离子含量的减少和金属离子氧化水平的升高，降低了材料的稳定性；又由于钴原料较为稀有，属于战略资源，因此使得 $LiCoO_2$ 的成本较高。

2. 锰酸锂

锰酸锂化学式为 $LiMn_2O_4$（简写为 LMO），是一种无机化合物，一般用作锂电池的正电极材料。锰酸锂电池成本低，安全性和低温性能好，但是其材料本身不太稳定，容易分解，产生气体，因此多与其他材料混合使用，以降低电芯成本，但其循环寿命衰减较快，容易发生鼓胀，高温性能较差，寿命相对较短，主要用于大、中型号电芯。动力电池方面，其标称电压为 3.7 V。应用氧化锰酸锂正极材料，可大大降低电池成本。

3. 磷酸亚铁锂

磷酸亚铁锂化学式为 $LiFePO_4$（简写为 LFP），是近年来新开发的锂电池正极材料，主要在动力锂电池中作为正极活性物质使用，也称为“磷酸铁锂”。磷酸亚铁锂正极材料可以做成更大容量的锂电池，更易串联使用，以满足电动车频繁充放电的需要。它具有无毒，无污染，安全性能好，原材料来源广泛、价格便宜，寿命长等优点。其标称电压为 3.2 V。目前这种电池应用最为广泛。

4. 三元材料

这里的“三元”并不是一种物质，而是用镍、钴、锰 3 种金属化合物按照一定比例配置而成的化合物。三元材料的化学分子式为 $LiNi_xCo_yMn_zO_2$（简写为 NCM）或 $LiNi_xCo_yAL_zO_2$（简写为 NCA）。其中，x、y、z 分别代表镍、钴、锰的数值。目前，商用化较为成熟的三元材料有 $LiNi_{1/3}Co_{1/3}Mn_{1/3}O_2$、$LiNi_{0.4}Co_{0.2}Mn_{0.4}O_2$、$LiNi_{0.5}Co_{0.2}Mn_{0.3}O_2$。其中，$LiNi_{1/3}Co_{1/3}Mn_{1/3}O_2$ 中 Ni、Co、Mn 三种元素的比例为 1 ∶ 1 ∶ 1，在很多文献中该材料被写成 NCM111。同理，若 Ni、Co、Mn 比例为 5 ∶ 2 ∶ 3，则该材料被写为 NCM523。目前，在电动汽车上广泛使用的就是 NCM111 和 NCM523。

三元材料的性能更平衡，能量密度也更高，其容量高于锰酸锂，同时电压平台高于磷酸亚铁锂。更重要的是，三元材料由丰富的体系组成，可以根据性能需求对材料体系进行调制及选择。NCM622 材料是目前三元材料研究的热点之一，有望将动力电池的能量密度提升至 200 W・h/kg。少数国内外领先的正极材料企业重点投入 NCM622 材料的开发。

另外，美国特斯拉公司正是采用了 NCA 材料，使汽车续航里程有了大幅提升。据相关报道，Tesla Model S 的电池模块总容量高达 85 kW・h，单体电池的能量密度为 252 W・h/kg，电池模块的能量密度超过 150 W・h/kg，远高于当前行业 80 ～ 120 W・h/kg 的平均水平。

NCA 材料的制备难度很大，这类材料的开发和使用在日、韩先进企业中已经成熟并进入大规模量产阶段。国内生产企业目前仅进行了中试和小批量试产。要在国内形成批量生产及销售，尚有一些技术问题需要解决。

2012 年，科技部发布《电动汽车科技发展“十二五”专项规划》，不再强调发展磷酸亚铁锂，而是侧重于动力电池输入输出特性、安全性、一致性、耐久性和性价比，呈现出磷酸亚铁锂、三元材料并行支持的路线。2013 年 9 月，财政部、国家发展改革委、工业和信息化部、科技部等联合发布《关于继续开展新能源汽车推广应用工作的通知》，按照纯电续航里程（乘用车）和电池容量（专用车）确定补贴金额，三元材料凭借高能量密度的优势在电动汽车上的应用进一步增加。

2.1.2 锂电池的化学反应机制

锂金属暴露在空气中时会发生激烈的氧化反应而产生爆炸。为了提升安全性及电压，人们用石墨等材料做负极，锰酸锂、钴酸锂等锂化合物材料做正极来预存锂离子。这些材料的分子结构形成了“纳米等级”的细小储存格子（见图 2–2），用来储存锂离子。即使电池外壳发生破裂，空气进入，也会因氧分子太大，进不了这些细小的储存格，使锂原子不能与氧气接触，进而避免发生爆炸。

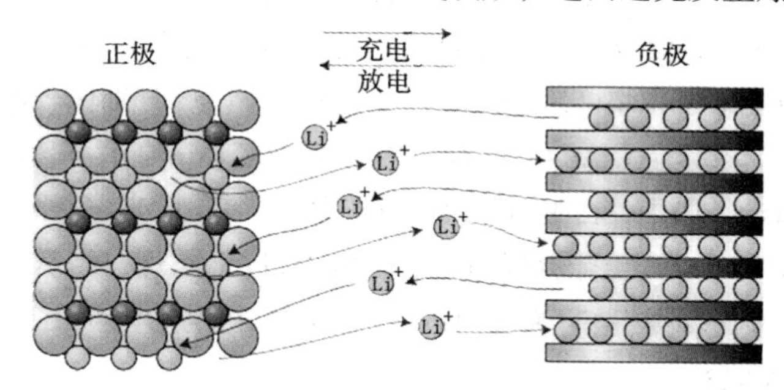

图 2–2　锂电池充放电原理

锂电池在充电时，正极的锂原子会丧失电子，转化为锂离子。锂离子经由电解液转移到负极，获得一个电子，还原为锂原子。放电时，整个程序倒过来。

正极反应（Me 代替各种金属材料）为

$$LiMeO_2 \underset{充电}{\overset{放电}{\rightleftharpoons}} Li_{1-x}MeO_2+xLi^++xe^-$$

负极反应为

$$C+xLi^++xe^- \underset{充电}{\overset{放电}{\rightleftharpoons}} CLi_x$$

总反应为

$$LiMeO_2+C \underset{充电}{\overset{放电}{\rightleftharpoons}} Li_{1-x}MeO_2+CLi_x$$

2.1.3 锂电池隔膜材料

为了防止电池的正、负极直接接触形成短路，电池需要加上一种拥有细孔的隔膜（见图 2–3）。隔膜的材料是不导电的，其物理和化学性质对电池的性能有很大的影响。电池的种类不同，采用的隔膜也不同。由于电解液为有机溶剂，根据有机物的“相似相溶”原理，需要用耐有机溶剂的隔膜材料，因此业内一般采用高强度薄膜化的聚烯烃多孔膜。

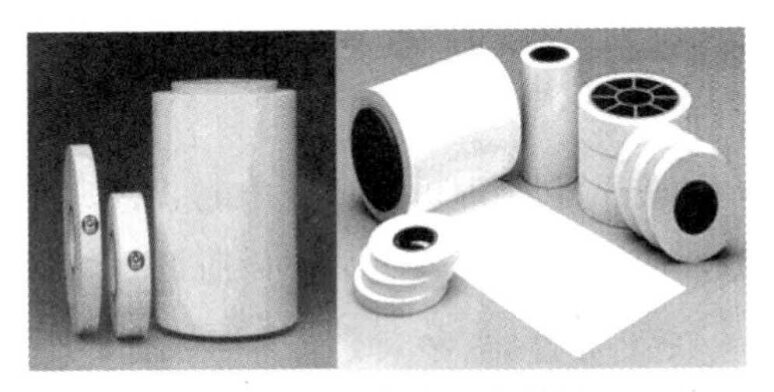

图 2–3　锂电池隔膜材料

隔膜除了防止正、负极材料发生物理接触，产生短路外，还要：易于润湿，具有良好的保液能力；具有电解液离子的透过性和低的离子电阻；具有化学和电化学稳定性；尽可能薄；保证有一定的强度，并具有足够的耐久性；不含有电解液能溶解的颗粒和金属，以及对电池有害的物质。

目前，锂电池大多采用厚度为 20 μm 或 16 μm 的单层隔膜，要求更高的电动汽车（Electric Vehicle，EV）和混合电动汽车（Hybrid Electric Vehicle，HEV）所用电池的隔膜厚度在 40 μm 左右（电池大电流放电需要足够厚的隔膜），而且隔膜越厚，其机械强度就越好，在电池组装过程中不易发生短路。

电池隔膜材料具有微孔结构，吸纳电解液。为了保证电池中一致的电极 / 电解液界面性质和均匀的电流密度，微孔在整个隔膜材料中的分布应当均匀。孔径大小与分布的均一性对电池性能有直接影响：孔径太大，容易使电池正、负极直接接触或易被锂枝晶刺穿而造成短路；孔径太小，会增大电池内阻；微孔分布不匀，工作时会形成局部电流过大，影响电池性能。隔膜的位置如图 2–4 所示。

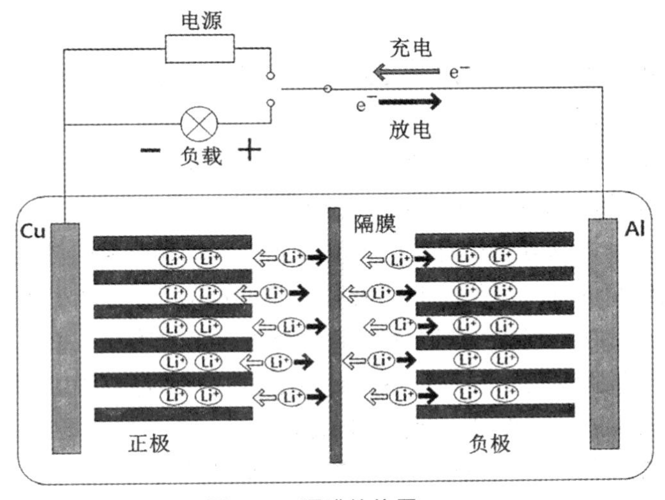

图 2–4　隔膜的位置

2.1.4 锂电池的负极材料

由图 2–2 所示锂电池充放电原理可知：充电时，锂离子从正极脱嵌，通过电解质和隔膜，嵌入负极；放电时，锂离子从负极脱嵌，通过电解质和隔膜，嵌入正极。

石墨由于具备电子电导率高、锂离子扩散系数大、层状结构在嵌锂前后体积变化小、嵌锂容量高和嵌锂电位低等优点，成为目前主流的商业化锂电池负极材料。锂离子在嵌入石墨层间后，形成嵌锂化合物 Li_xC_6。

虽然石墨是目前主流的商业化锂电负极材料，但由于石墨本身结构特性的制约，石墨负极材料的发展也遇到了瓶颈，例如，比容量已经达到极限，不能满足大型动力电池所要求的持续大电流放电能力等。因此，业界开始把目光投向非石墨类材料，如硬碳和其他非碳材料（氧化锡、硅碳合金、钛酸锂等）。

当前，相关媒体都聚焦在正极材料科技的发展上，其实负极材料同样重要：①正、负极的电化学位差越大，获得的电池功率越高；②性能优异的负极材料可以让锂离子嵌入反应的化学自由能变化小；③性能优异的负极材料可以保证电池稳定的工作电压，循环性好，具有较长的循环寿命。

2.1.5 锂电池的电解液（质）

电解液（质）的作用是在电池内部正、负极之间形成良好的离子导电通道。凡是能够成为离子导体的材料，如水溶液、有机溶液、聚合物、熔盐或固体材料，均可作为电解液（质）。

锂电池电解液（质）的组成分为有机溶剂、锂盐、添加剂。

有机溶剂是惰性的，即在电池的充放电过程中不与正、负极发生电化学反应。常用的有机溶剂包括碳酸酯、醚、含有硫化物的有机溶剂。

锂盐主要使用 $LiClO_4$、$LiAsF_6$、 $LiBF_4$、 $LiPF_6$。

由于锂电池大部分采用有机溶剂电解质，因此其极易燃烧。有些电解液中的碳酸酯具有较高的蒸气压和较低的闪点（又叫闪火点，是可燃液体与外界空气形成混合气与火焰接触时发生闪火并立刻燃烧的最低温度）。在某些状态下，如高温、过充电、针刺穿透、挤压，容易导致电极和有机电解液之间发生反应并产生大量热量，若不能及时控制，则会使电池内部热失控，最终导致电池燃烧、爆炸。由表 2–2 数据可见，锂电池火灾中电池自身能提供氧气和热量，比其他种类的电气火灾更难扑灭。

表 2-2 锂电池的热反应链

温度范围 /℃	反应类型	放热 /（J·g⁻¹）	备 注
110 ～ 150	电解液与 CLi_x	350	
180 ～ 500	电解液与 $Li_xNi_xO_2$	600	释放 O_2
220 ～ 500	电解液与 $Li_xCo_xO_2$	450	释放 O_2
150 ～ 300	电解液与 Li_xMnO_2	450	释放 O_2
240 ～ 350	隔膜与 CLi_x	1 500	剧烈放热

2.1.6 锂电池失效机制及保护

1. 过充

锂电芯电压高于 4.2 V 后，正极材料内剩下的锂原子数量不到一半，此时储存格容易垮掉，让电池容量永久性地下降。如果继续充电，由于负极的储存格已经装满了锂原子，后续的锂金属会堆积在负极材料表面。这些锂原子会由负极表面往锂离子来的方向长出树枝状结晶。这些锂枝晶会穿过隔膜，使正、负极短路。

有时在短路发生前电池就先爆炸。这是因为在过充过程中，电解液等材料会裂解产生气体（主要是氧气），使电池外壳或压力阀鼓胀、破裂，氧气进去与堆积在负极表面的锂原子发生反应，进而造成爆炸。

2. 过放

锂电池在使用过程中超过截止的放电电压（一般在 2.4 V 左右）继续使用，叫作过放。过放对电池及其负极材料的损伤是永久性的，会造成负极材料的塌陷，原来储存锂离子的空间永久性地消失了——时间长了电池无法充电。

3. 过电流

放电时除了限制电压外，电流也必须限制。放电电流过大，锂离子来不及进入储存格，就会聚集在正极材料表面。这些锂离子在获得电子后，会在材料表面产生锂原子结晶。这与过充原理一样，也有爆炸的危险。

因此，对锂电池的保护，至少要包含过充保护、过放保护以及过电流保护 3 项。例如，一个手机充电宝，除了锂电池芯外，还会有一个保护板（见图 2-5），保护板主要提供以上 3 项保护功能。

图 2-5　充电宝保护板

（资料来源：https://megaeshop.pk/.）

4. 低温

在 -20℃时，锂电池放电容量只有室温（20 ～ 25℃）时的 30%左右。因此，冬天人们的智能手机电池都不耐用，电动汽车的行驶里程也会大大减少。另外，受低温影响，电池的石墨负极嵌锂速度降低，容易在表面析出金属锂，如果充电后搁置时间不足而投入使用，金属锂就会无法全部再次嵌入石墨内部，部分金属锂持续存在负极的表面，形成锂枝晶，影响电池安全。目前，电动汽车电池起火主要都是锂枝晶刺破电池的保护壳，导致火灾。采用正确的充电方法，特别是注意低温时的充电方法是非常重要的。

2.1.7 锂电池保护板（Pulse-Code Modulation，PCM）的原理

离子电池要求的充电方式为恒流和恒压，在充电初期为恒流充电，随着充电的进行，电压会上升到 4.2 V（铁锂电池为 3.65 V）转为恒压充电，直至电流越来越小。在电池充电过程中，如果充电器电路失去控制，电压超过 4.2 V，电池的化学副反应就会加剧，导致电池损坏或出现安全问题，严重缩短电池寿命。图 2-6 所示的 K_1 和 K_2 分别为“过放控制”和“过充控制”。正常充电时 K_1 和 K_2 都处于闭合状态。

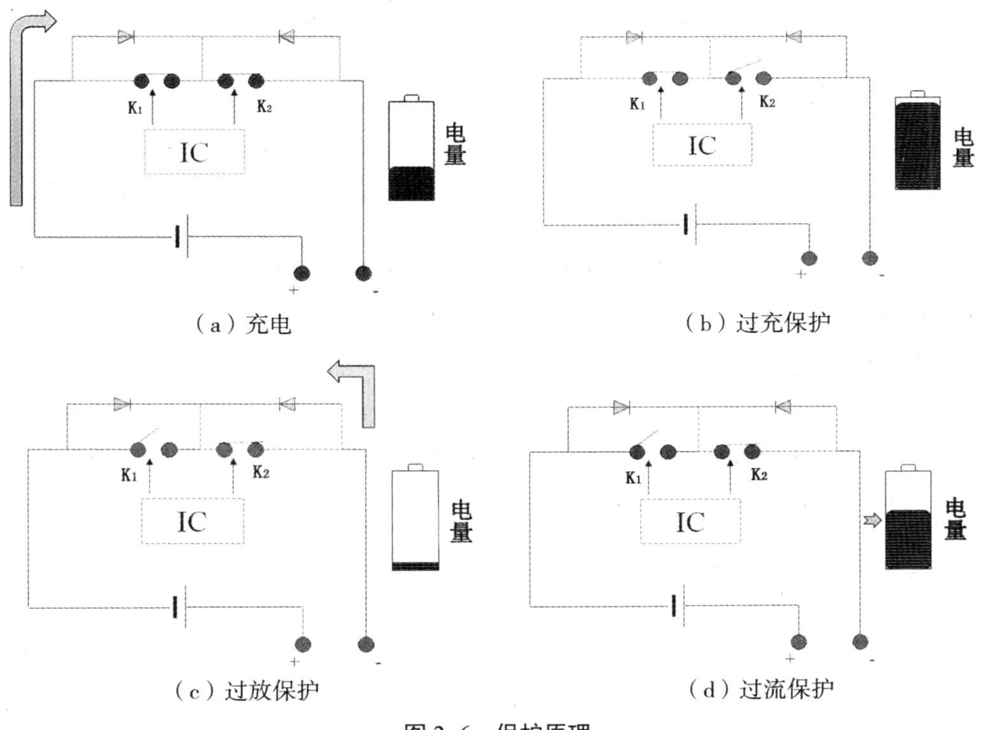

（a）充电 （b）过充保护

（c）过放保护 （d）过流保护

图 2-6 保护原理

1. 过充保护

当集成电路（Integrated Circuit，IC）检测到电池电压达到过充保护电压时，K_2 由导通转为断开，从而切断充电回路，使充电器无法对电池进行充电，起到保护作用。从控制 IC 检测到电池电压超过过充保护电压到关断回路，还有一段延迟时间，通常设为 1 s 左右，以避免干扰造成误判。

当电池电压低于过充恢复电压时，K_2 由断开转为导通，充电回路恢复正常。过充保护电压一般设置为：三元锂电池为 4.2 V 左右，磷酸铁锂电池为 3.7 V 左右。

2. 过放保护

电池在对外部负载放电过程中，其电压会随着放电过程逐渐降低，当电池电压降到保护值时，其电量基本已被放光，此时如果继续让电池对负载进行放电，就会给电池造成永久性破坏。

在放电过程中，当 IC 检测到电池电压低于过放保护电压时，K_1 放电开关由导通转为断开，从而切断放电回路，使电池无法对负载进行放电，起到过放电保护作用。当各节电池电压高于过放恢复电压时，K_1 放电开关由断开转为导通，放电回路恢复正常。

3. 过流保护

在通常放电状态下，放电电流达到或超过过流保护电流值，保护 IC 将放电控制的 K_1 开关断开，停止放电。当正、负极之间的阻抗达到自动恢复阻抗值以上时，放电状态恢复。

过流保护的信号有时会因受到外界干扰而造成 IC 误判。要根据不同的产品做相应的延时调整，延时既不能过长也不能过短。

4. 短路保护

短路保护类似于过流保护。电池在对负载放电过程中，若输出端正极和负极短路，则控制 IC 判断为负载短路，K_1 切断放电回路，起到保护作用。当正极和负极之间的阻抗达到自动恢复时，工作状态恢复。

2.2 电芯与电池

业内习惯把没有组装成可以直接使用的半成品叫作“电芯”（也叫“单体电池”），而把连接上锂电池保护板（PCM），有充放控制等功能的成品叫作“电池”（也叫“电池模块”）。

目前，主流的方形电池 383450 型号，就是指其电芯实体部分宽 34 mm、厚 3.8 mm、长 50 mm [见图 2-7（a）]。圆柱形电池 18650 型号，就是指其电芯直径 18 mm、高 65 mm [见图 2-7（b）]。聚合物（软包）电池 383450 型号，就是指其电芯实体部分宽 34 mm、厚 3.8 mm、长 50 mm，与方形电池尺寸一样。

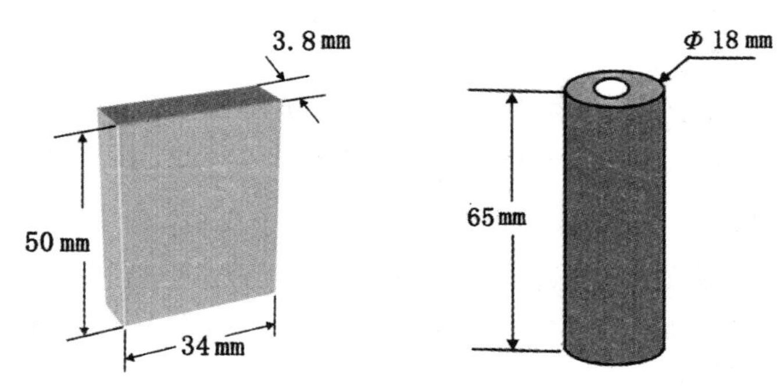

（a）方形电池 383450 型号　（b）圆柱形电池 18650 型号

图 2-7　锂电池电芯示意

IEC61960是电池（电芯）的电性能指标测试，其规定圆柱形电池和方形电池的型号的规则如下。

（1）圆柱形电池：3个字母后跟5个数字。3个字母：第一个字母表示负极材料，I表示有内置的锂离子，L表示锂金属或锂合金电极；第二个字母表示正极材料，C表示钴，N表示镍，M表示锰，V表示钒；第三个字母为R，表示圆柱形。5个数字：前2个数字表示直径，后3个数字表示高度，单位为mm。如ICR18650，就是直径为18 mm、高度（长度）为65.0 mm的通用的18650圆柱形电池。

（2）方形电池：3个字母后跟6个数字。3个字母：前2个字母的意义和圆柱形一样；后1个字母为P，表示方形。6个数字，前2个数字表示厚度，中间2个数字表示宽度，后2个数字表示高度（长度），单位为mm。如ICP053353，就是厚度5 mm、宽度为33 mm、高度（长度）为53 mm的方形电池。

单节的圆柱形电池18650型号的电压为3.2 V，容量是2.5 A·h。如果要驱动一个48 V的通信设备，就需要把一个个电芯先串联后并联起来，构成一个电池模块，如图2-8所示。

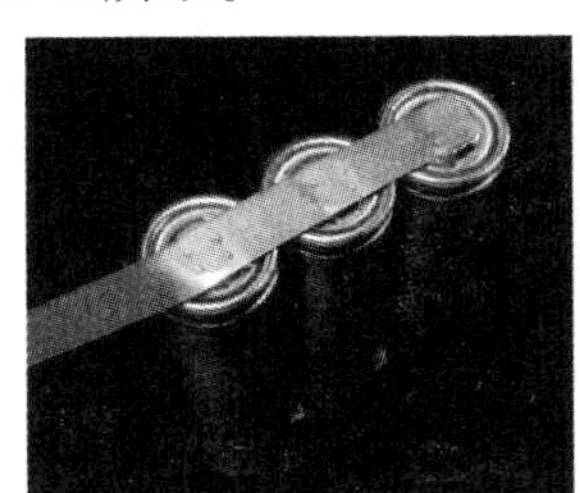

图2-8 电芯串联和并联

电池串联增加电压，容量不变。比如，16节18650型号电池串联在一起，电压为51.2 V，但容量是2.5 A·h。如果要增加容量，就要并联。

电池组有先并联后串联的方案，也有先串联后并联的方案。采用先并联后串联的方案，并联的电池单体之间相互均衡，一致性较好。但是，如果某一节单体出现短路故障，它将成为其他与其并联电池的负载，与之并联的所有电池的能量将迅速在故障单体中释放，从而导致更严重的后果。

采用先串联后并联的方案，如果某节单体出现短路故障，那么其他单体电池的能量只能通过并联回路来释放，虽然释放总能量与串联方案相当，但释放速度只有先并联后串联的1/*n*（*n*为串联电池的个数）。可是，先串联后并联方案的电池组均衡困难。在同一列电池单体上加入并联支路，可以在一定程度上起到均衡作用，但这又带来了其他问题：当某单体内部发生短路时，与该单体并联的所有单体都被外部短路；当某单体内部发生断路时，与之并联的单体会出现电流增大。这两种情况下，问题都会从坏掉的单体蔓延到其他单体。解决问题的方法是将这个坏掉的单体从电池组网络中隔绝开来。

从应用端来看，纯电动公交车用电池应采用先并联后串联的连接方式，电网电池储能中往往采用先串联后并联的连接方式。从电池组连接的可靠性以及电池电压不一致性发展趋势和电池组性能影响的角度分析，先并联后串联的连接方式优于先串联后并联的连接方式，而先串联后并联的电池拓扑结构有利于对系统各个单体电池进行检测和管理。

特斯拉 Model S 电池组板由 16 组电池组串联而成，并且每组电池组由 444 节锂电池，每 74 节并联形成。因此，特斯拉 Model S 电池组板由 7 104 节 18650 型号锂电池组成（见图 2-9）。

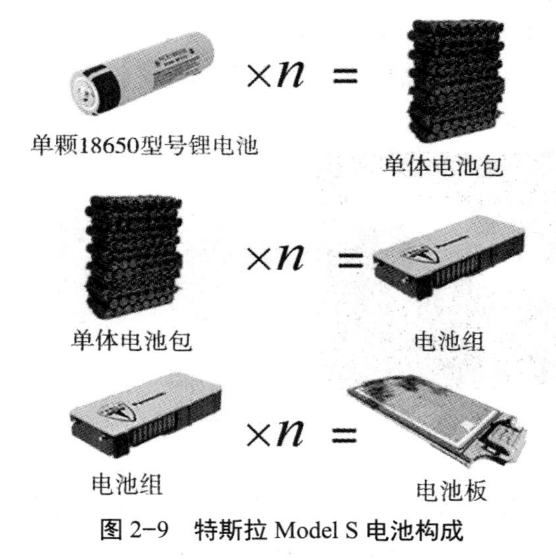

图 2-9　特斯拉 Model S 电池构成

与传统汽车用铅酸电池相比，锂电池的故障后起火爆炸的概率更高，所以锂电池需要一套更加复杂的管理装置——电池管理系统（Battery Management System，BMS）。

2.3　电池管理系统

电池管理系统是一种对蓄电池进行监控和管理的电子装置，通过对电压、电流、温度以及荷电状态（State of Charge，SOC）等参数进行采集、计算，控制电池的充放电过程，实现对电池的保护，提升电池组的综合性能。

锂电池的缺点是“娇气”，每次过放电就会造成电池的永久性损坏。极端情况下，锂电池过热或过充电会导致热失控，电池破裂甚至爆炸。锂电池需要 BMS 来严格控制充放电过程，避免过充、过放、过热。

2.3.1 BMS 的必要性

锂电池与铅酸蓄电池相比，价格贵，危险性高，稍有不慎就会起火并发生爆炸。铅酸电池出现故障时，无非就是电池“鼓包”或“漏液”，其电解液稀硫酸不会燃烧，正极材料是惰性金属铅，发生火灾的概率极低。

锂电池则不同，其燃烧时会释放出氧气，就像火箭发射那样，自带氧化剂助燃。一旦燃烧，猛烈而迅速且很难扑灭。三元锂电池特别容易自燃（见图 2-10）。

图 2-10 电动汽车自燃

三元锂电池正极材料的分解温度在 200℃左右，磷酸亚铁锂电池正极材料的分解温度在 800℃左右。实验室测试环境下短路磷酸亚铁锂电池单体，基本不出现着火的情况，三元锂电池则恰恰相反。所以在使用三元锂电池时尤其要对热管理提出较高的要求，必须通过 BMS 对锂电池进行有效管理。

由于锂电池的单体存在差异，在使用过程中容易形成“木桶效应”（见图 2-11）。就像水杯中的水，不同厂商电池出厂时的容量等参数不尽相同，因此相同时间内：充电时有的已充满，有的则还没充满；用电时有的电已用完，有的则还没有用完。由于木桶短板效应，如果简单充放电，就会导致有些电池无法完全充满，而有一些电池的电量用不尽。由于电动汽车常常有上千节电池，所以一节电池就可能影响整个电池系统。

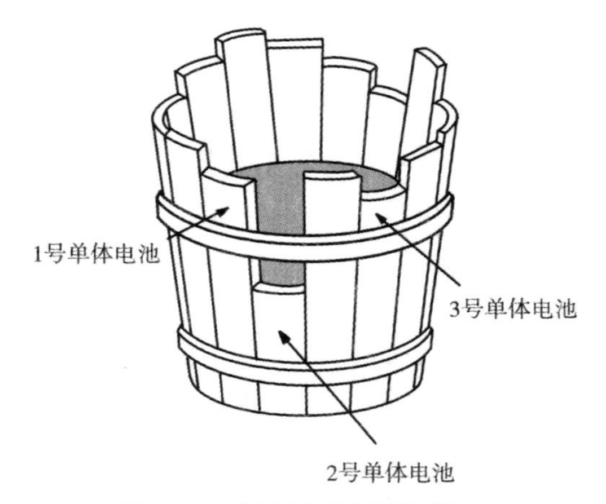

图 2-11　锂电池“木桶效应”

锂电电芯往往需要串并联在一起组成一个电池组工作。串联电池组中由于单体电池容量、初始 SOC、内阻、极化的不一致性，在充放电过程中需要电池管理系统检测单体电池电压与充放电保护设备通信，防止部分单体电池的过充或过放。在 BMS 保护下，串联电池组可以避免大电流倍率放电、环境温度过高等情况。串联电池组不会因为连接成组而造成快于单体电池的寿命衰退，但是部分电池性能的“木桶效应”会减小串联电池组的容量利用率。带均衡功能的 BMS 就可以提高利用率。

并联电池组中由于支路电流受到支路电池参数耦合的影响，成组后支路电池容量、初始 SOC、内阻和极化的差异都会造成支路电流工况的差异。大多数单体并联的支路电池参数虽然较为一致，整个充放电过程的平均电流倍率与并联电池组的外施电流倍率差异也不大，但是在充放电电池电压平台的两端 SOC 区间形成的电流差异较大。例如，在充电末端（将完成充电），已经充电到 SOC = 90%的与 SOC = 100%（完成充电）的两组并联电池，由于平台电流差异的累积导致末端支路电流的差异，极容易出现 SOC = 90%的电池组过流充电，SOC = 100%的电池组过充充电。

2.3.2　锂电池的几个关键参数

锂电池性能的主要参数包括电池容量、电池电压、电池内阻和电池充放电特性等。

1. 电池容量

电池容量是指在一定放电条件下电池能够释放出的电能，也就是电池存储电量的大小，单位是安时（A・h）或毫安时（mA・h），1 A・h 是指电流为 1 A 的情况下放电 1 h 所释放的电量。电池容量根据不同的情况可以分为额定容量、实际容量以及理论容量。

目前，国内外大家一致接受的说法是用电池的荷电状态来表征电池的剩余电量。将其定义为电池剩余电量和电池容量的比值，即

$$\mathrm{SOC}=\frac{C_r}{C_0} \tag{2-1}$$

式中：C_r——剩余电量；

C_0——电池容量。

剩余电量是指电池在一定条件下从当前状态进行放电一直到放电结束放出的总电量。电池容量是指电池在充满电的条件下所释放的总电量。在实际过程中，对 SOC 的估算需要考虑多种因素，例如，温度、充放电效率以及电池的自放电都会对电池剩余电量的估算产生影响。

2. 电池电压

电压是电池最基本的物理量，也是评价电池性能的一个重要指标，通过电池的电压可以体现电池的充放电状态。在研究锂电池电压时，主要分析开路电压（Open Circuit Voltage，OCV）和端电压。

开路电压是电池处于开路状态并长时间静置后测量所得的电池电压，与电池的剩余电量存在一一对应关系，是电池剩余电量的估算和电池建模的基础数据。锂电池开路电压为

$$U_{\mathrm{OC}}=U+IR_b \tag{2-2}$$

式中：U_{OC}——开路电压；

U ——电池的工作电压；

I ——工作电流；

R_b ——电池内阻。

3. 电池内阻

电池内阻表示电流流过电池内部时所受到的阻力。电池的内阻很小，一般以毫欧 (mΩ) 为单位，内阻会影响内部压降的计算。影响电池内阻的因素有电池的大小、温度、充电状态、工作时间等，一般不同类型的电池内阻也不相同。

根据电池的极化现象不同，电池内阻可以划分为欧姆内阻 R_Ω 和极化内阻 R_p。其中：欧姆内阻主要是受电极材料、电解液以及各部分零件的接触电阻的影响；极化内阻源于电池发生电化学反应时的极化现象。欧姆内阻与极化内阻是电池的内部参数，不能直接测量，需要通过参数辨识得到。

4. 电池充放电特性

锂电池能够充入和放出电量的多少和电池的放电倍率有着十分紧密的联系，因此，在分析电池充放电特性前，首先介绍一下电池的充放电倍率这个概念。锂电池的充放电倍率是用来表征电池充放电快慢程度的物理量，在电池充放电过程中，经常用电池的充放电倍率来表示工作电流的大小。其定义如下：

$$充放电倍率=\frac{充放电电流}{额定容量} \quad (2-3)$$

由式（2–3）可以看出，充放电倍率是用来表示工作电流大小的比率，单位为C。假如电池的容量为 30 A · h，那么 1 C 就相当于 30 A。

锂电池的标准充电方法分为恒流充电和恒压充电两个阶段。充电时，电池的截止电压是一定的，电池的充电倍率越大，电池所充的电量就越少，充电到截止电压所需要的时间也越少。因此，首先对电池进行恒流快速充电，此过程中电池内部发生吸热反应使得电池电压升高，升高至截止电压时进入恒压充电阶段，恒压充电过程中电流大小呈指数下降，当下降到截止电流为 0.05 C 时，完成整个充电过程。锂电池的充电特性曲线如图 2–12 所示。

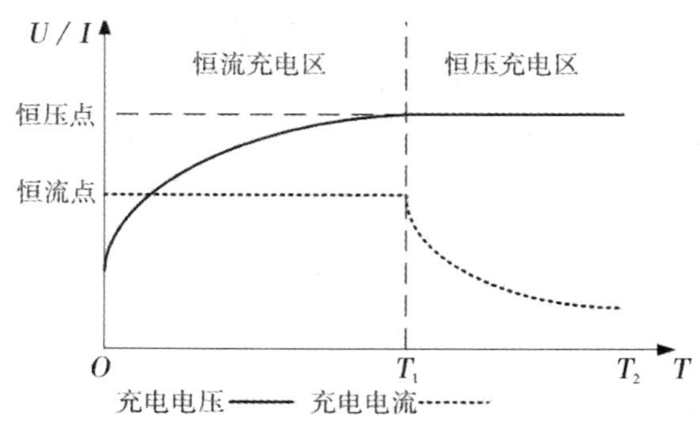

图 2–12　锂电池的充电特性曲线

锂电池的放电曲线并不是恒定不变的，除受放电倍率的影响外，还受到 SOC 和温度等因素的影响。不同的温度、剩余电量以及放电倍率，电池组放出的能量各不相同。

5. 锂电池的数学模型

锂电池是通过电化学反应进行充放电的，充放电是一个“强非线性”的过程。为了更准确地实现电池策略控制，需要对该非线性过程进行建模。从降低复杂度的角度出发，目前主流建模方法是电路等效法。

“RC 环”能够很好地模拟电池充放电过程的极化反应和瞬态电压变化的动

态特性，为了满足建模的简易性和准确性，选取基于电子运动理论的、具有两个 RC 动态环的 Randles 二阶等效模型。锂电池的等效电路模型如图 2–13 所示。

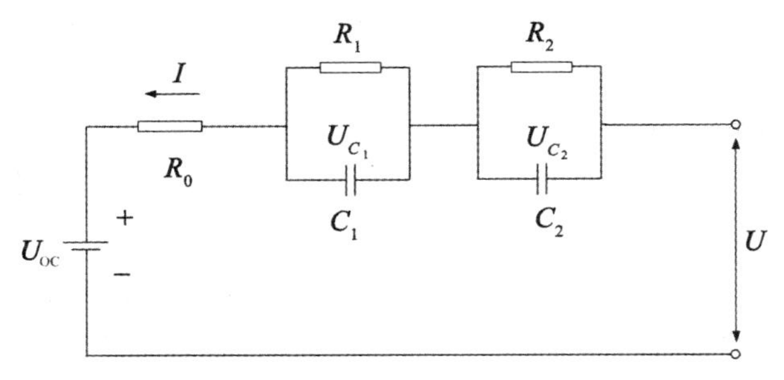

图 2–13 锂电池的等效电路模型

模型由开路电压源 U_{OC} 、纯阻性电阻 R_0 、极化电容 C_1 和极化电阻 R_1、极化电容 C_2 和极化电阻 R_2 组成，且充电方向为正，符合电池基本的静态、动态外特性，能够模拟电池极化产生和消除过程中表现出来的动态过程。

通过对模型的数学解析，推导（过程略）出该模型的数学表达式为

$$U(k)=U_{OC}(k)-U_{C_1}(k)-U_{C_2}(k)+R_0I(k) \quad (2\text{–}4)$$

式中，U_{oc}——电池开路电压；

U_{C_1}——极化电容 1 的电压；

U_{C_2}——极化电容 2 的电压；

R_0I——内阻 R_0 的分压。

由式（2–4）可组合成 MATLAB 模型，如图 2–14 所示。

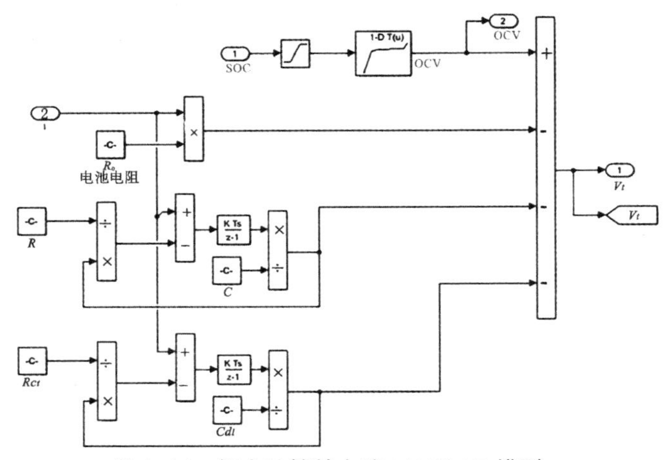

图 2–14 锂电池等效电路 MATLAB 模型

2.3.3 测算锂电池的 SOC

电动汽车领域对电池 SOC 的估算要求最高，SOC 是电动汽车估算续航里程最基本的要求，又是提升电池利用效率和安全性能的基本保证。目前，国内外学者主要对电量状态 SOC 的监测及估算方法进行了重点研究，但是由于化学电源固有的复杂性而缺少科学的估算理论指导，目前大多采用比较简单的对荷电状态 SOC 的估算策略。

传统的电池电量测试方法有开路电压法、密度法、内阻法和安时法等。近年来，又相继研发出许多对电池 SOC 估算的新型算法，如自适应神经模糊推断模型、模糊逻辑算法模型、线性模型法、阻抗光谱法和卡尔曼滤波估计模型算法等。其中，开路电压法（Open-circuit Voltage Estimation，OVE）和安时法（也称“电流积分法”或“A·h 法”）是应用得最多，也是成本最低的测量 SOC 的计算方法。

1. 开路电压法

电池的开路电压近似等于电池的电动势，电池存储能量的大小就是通过电池的电动势来体现的。电池放电时，U_{OC} 会随着 SOC 的减小而下降，所以电池的开路电压是 SOC 的函数，它们之间的关系由放电实验获得。

以磷酸亚铁锂电池为例，其充电截止电压为 3.7 V，放电截止电压为 2 V。也就是说，当开路电压达到 3.7 V 时，可以认为电池的 SOC 为 100%；在放电时，若端电压降至 2 V 时须停止放电，此时电池的 SOC 可以认为是 0。

电池 U_{OC}-SOC 对应数据见表 2-3。

表 2-3 电池 U_{OC}-SOC 对应数据

U_{OC}/V	SOC（%）
3.64	100
3.26	92
3.23	84
3.21	78
3.19	63
3.18	54
3.16	45
3.14	32
3.07	24
3.03	17
2	0

U_{OC}–SOC 关系曲线需要通过表 2–3 中的实验数据进行拟合，数据拟合曲线在 MATLAB 中 Curve Fitting 工具箱实现。电池开路电压与 SOC 之间的关系呈高度非线性，此函数关系的准确性将会影响 SOC 的估算准确性，因此需要选取合适的拟合阶数，选用九阶多项式函数来拟合 U_{OC} 与 SOC 的关系 。电池放电情况下 U_{OC} 与 SOC 的函数拟合曲线如图 2–15 所示，该曲线基本符合实际结果。

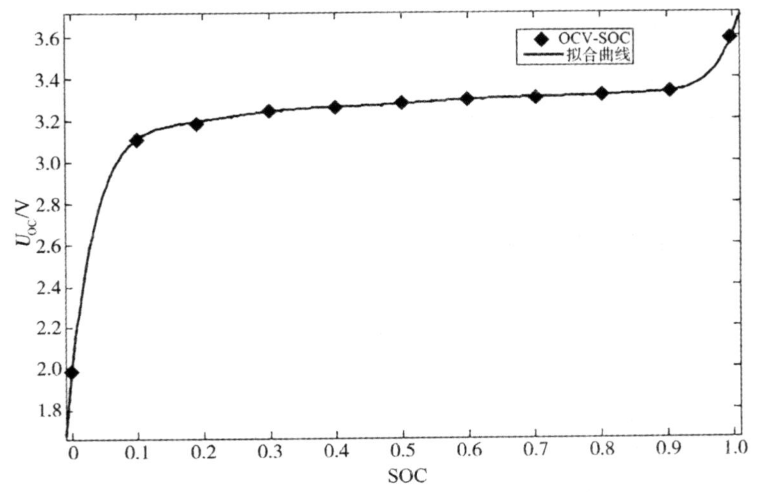

图 2–15　电池放电情况下 U_{OC} 与 SOC 的函数拟合曲线

开路电压法虽然简单，但是需要静置较长时间后才能得到稳定的开路电压值，故只适用于静止状态（不工作状态）的电池，而不适用于动态（工作状态）的电池 SOC 估计。

2. 安时法（改良安时法）

安时法是最常用的 SOC 估计方法，通过累积电池在充电或者放电期间的电量来估计电池的 SOC。如果电池充放电起始状态为 SOC_0，那么当前状态的 SOC 为

$$SOC = SOC_0 - \frac{1}{C_N}\int_{t_0}^{t} \eta I \mathrm{d}t \tag{2-5}$$

式中：C_N——额定容量；

I ——电池充放电电流；

η ——充放电效率。

但是安时法在应用中也存在问题，首先是电流测量精度有误差，电流测量误差将导致 SOC 计算误差，且该误差会因时间累积而越来越大。其次是电池充放电效率会随温度变化，这也导致使用安时法测量 SOC 存在误差。因此，有学者

提出采用改进的安时积分法，在计算中对温度以及充放电效率系数进行了补偿，能够进一步提高 SOC 的估算精度。

化学反应速度依赖温度的高低。不同温度下，电池的充放电情况大不相同，因此温度对 SOC 的估算具有十分重要的影响。比较常用的温度补偿公式为

$$\eta_T = 1 + 0.008(T_N - T) \qquad (2-6)$$

式中：T_N——标准温度 20℃；

T——当前温度值。

电池组在启动、放电等不同的工作状态下时电流变化较大，同时也影响了电池的充放电效率。如果不考虑电池的充放电效率影响，会使 SOC 的累积误差越来越大，导致估算结果不准确。

普克特提出的放电容量与放电电流关系的经验公式（普克特方程），已经广泛应用于电池在变电流情况下对于容量的补偿。可用电量与放电电流的关系式为

$$C = AI^{n-1} \qquad (2-7)$$

式中：I——放电电流；

n——电池的结构常数（一般取 1.15 ～ 1.42）；

A——与活性物质有关的电池常数。

在初始条件相同的情况下，A 和 n 的取值是相同的，因此可得出充放电效率为

$$\eta = \frac{C}{C_N} = \left(\frac{I}{I_N}\right)^{n-1} \qquad (2-8)$$

式中：C_N——额定容量；

I_N——额定电流。

通过以上分析建立修正的 SOC 数学模型为

$$\mathrm{SOC} = \mathrm{SOC}_0 - \frac{\int_{t_1}^{t_2} \eta_T \eta i(t) \mathrm{d}t}{C_N} \qquad (2-9)$$

式中：SOC_0——电池放电前的电量初始值；

η_T——温度补偿系数；

η——充放电效率补偿系数；

$i(t)$——充放电电流，是时间 t 的函数。

SOC 的初始值通过一个 if 判断模块（见图 2-16 左上）求得。首先，系统判断与前一次开机时间间隔是否大于 45 min（静止状态）：若时间间隔小于 45 min，则采用上次测得的 SOC_0；若时间间隔大于 45 min，则重新测量开路电压，

通过查表获得新的 SOC 值，如图 2–16 所示。

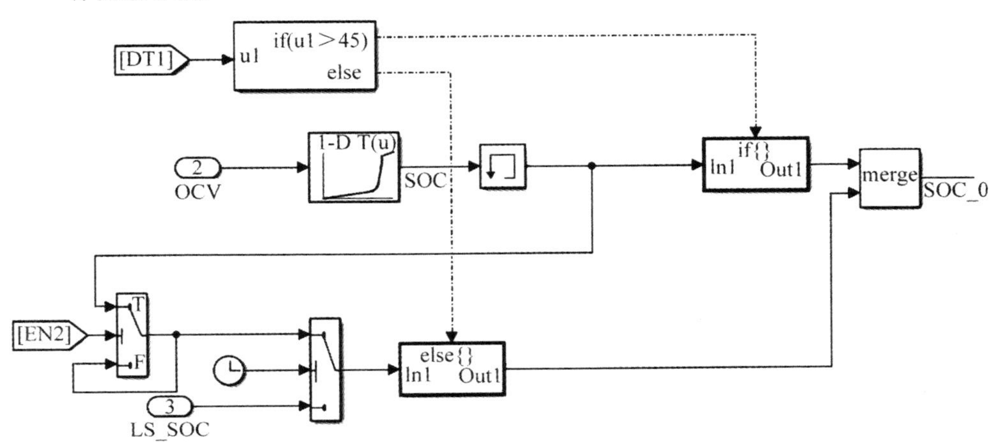

图 2–16　安时法 MATLAB 模型 1

电池充放电是通过改进的安时积分法来模拟的，也就是通过上文补偿充放电效率与温度系数之后搭建 SOC 数学模型，如图 2–17 所示。在判断出初始 SOC 后，由式（2–9）搭建出的数学计算模型得出电池当前的 SOC 值。

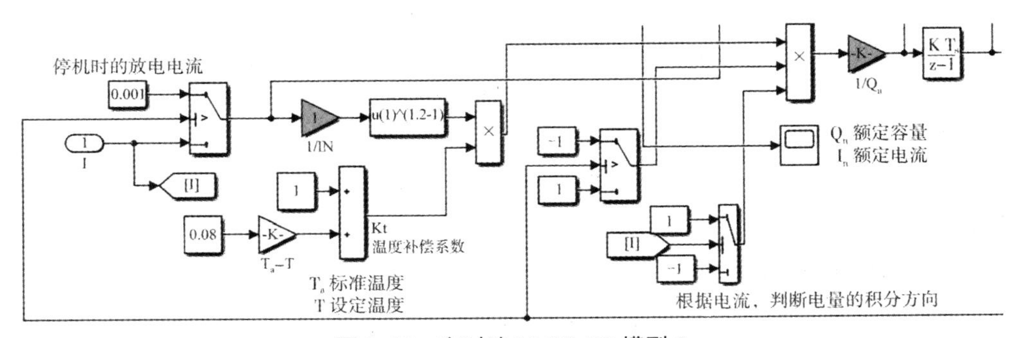

图 2–17　安时法 MATLAB 模型 2

在计算出了电池的 SOC 初始值和当前值之后，电池的剩余电量便可求出。至于电池是充电还是放电，可以通过逻辑关系进行判断选择。当电池放电时，电流符号取负，当电池充电时，电流符号取正。根据二阶 RC 电池建模，通过前一模块得出当前 SOC 值后，利用表 2–3 数据得出当前开路电压 U_{OC}，可算出当前电池的路端电压。恒流放电下电池电压变换曲线如图 2–18 所示。

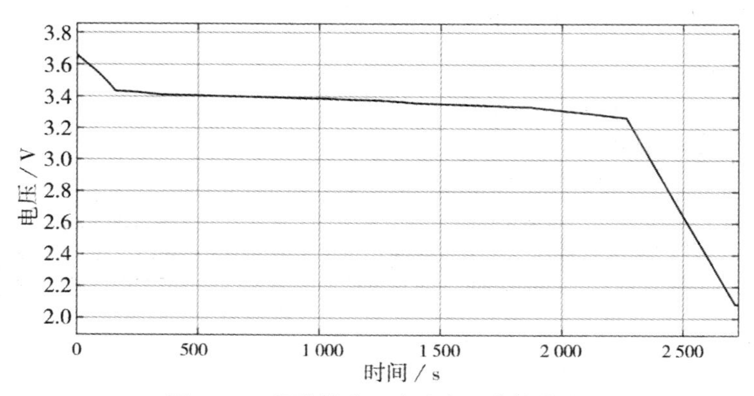

图 2–18　恒流放电下电池电压变换曲线

按照式（2–9）仿真，由图 2–18 电压变换曲线可以看出，电池从满电状态 3.6 V 开始放电，持续放电约 2 700 s，到达放电截止电压 2 ～ 2.1 V，其放电曲线和理论分析曲线基本一致。

3. 卡尔曼滤波算法

基于扩展卡尔曼滤波算法和大数据的神经网络算法，是目前正在研究的流行算法，虽然这两种算法能更精确地预估电池的 SOC，在各种仿真软件上也得到了验证，但在应用阶段还是无法克服高成本的影响。

由于化学反应决定了锂电池的充放电特性，而温度对锂电池的化学反应有着很大的影响（专业角度称为“电流测量噪声”），用传统的安时法有着很大的累计测量误差，因此，学界把卡尔曼滤波算法引入锂电池的 SOC 测量中。卡尔曼滤波算法是一个最优化自回归数据处理算法，其核心思想是对动力系统的状态做出最小方差意义上的最优估计。

4. 神经网络算法

不管是卡尔曼滤波算法还是开路电压法，抑或是安时法，都是基于电池内部复杂的化学反应所建立的数学模型。这些模型中有大量的假设条件和经验参数，模型精度有限且求解过程十分烦琐。

在大数据和人工智能普及的当下，神经网络也被用于锂电池的 SOC 估计。人工神经网络具有逼近多输入输出参数函数、高度的非线性、容错性和鲁棒性等特点，对于外部激励能够给出相应的输出，非常适用于电池值的预测。神经网络不需要建立数学模型就能对电池内部复杂系统进行预测和控制。电池某时刻的工作电压 V 和工作电流 I 是最主要的 SOC 影响因素，因此将这两种因素作为神经网络模型的输入矢量，SOC 作为输出矢量。可以在实验室环境下用专业的充放电测试仪自动记录电池工作电压、工作电流、充放电倍率和时间等各种参数。再把获得的数据进行相应处理，输入神经网络的学习模块进行“学习训练”，就能输出精确的 SOC 预测值。

在未来 5G 快速普及的时代，从各种应用场景中，可以获得海量的使用数据，再通过神经网络学习更加准确地获得 SOC 预测值。笔者认为神经网络算法会成为最主流的锂电池 SOC 预测值算法。

2.3.4 “电芯”的均衡

在生产过程中，由于材料和工艺水平等存在差异，导致即使是同一批次的锂电池“电芯”也存在不一致性，就好比世界上的人，即使是双胞胎也不完全一样。这种特性的具体表现为电压、内阻、容量的不一致。上文提到，锂电池“电芯”的不一致，会导致过充或过放，也会影响电池整体的使用效率和“电芯”的使用寿命。有研究表明，20%的“电芯”容量差异，会导致电池 40%的电池容量损失。

在容量方面，电池组中容量小的电池充满后，电池组需要保护该电池而终止充电。在放电过程中，由于某一单体放空后终止放电，使得电池组中容量大的电池存储空间和存储能量不能完全利用。因此，电池组的可利用容量小于或等于单体电池中最小容量。综上，锂电池的管理必须引入“均衡”这个概念。相同批次的锂电池“电芯”在充电和放电过程中出现不一致的表现，如图 2–19 所示。

均衡技术可分成被动均衡和主动均衡两种。被动均衡一般采用电阻放热的方式将高容量电池多出的电量进行释放，从而达到均衡的目的，电路简单可靠，成本较低，则电池效率较低。主动均衡在充电时将多余电量转移至高容量电芯，放电时将多余电量转移至低容量电芯，可提高使用效率，但是成本更高、电路复杂、可靠性低。

在市场主流应用方面，几乎所有主流电动汽车用 BMS 厂家都有被动均衡技术，其中绝大部分都有主动均衡技术储备。被动均衡的 BMS 装机量较大，占据电动汽车市场较大的份额，远远高于主动均衡 BMS 的市场份额，其根本原因在于成本，主动均衡更多的是一个选配功能。

考虑到中国市场的消费习惯，当前国产新能源汽车主打的是中低端品牌，为了严格控制成本，主机厂的零部件需求是以“满足基本功能，成本较低”为准则，主动均衡技术的成本比被动均衡技术高出不少，在被动均衡技术满足基本功能的情况下，厂家更愿意选择被动均衡的 BMS。

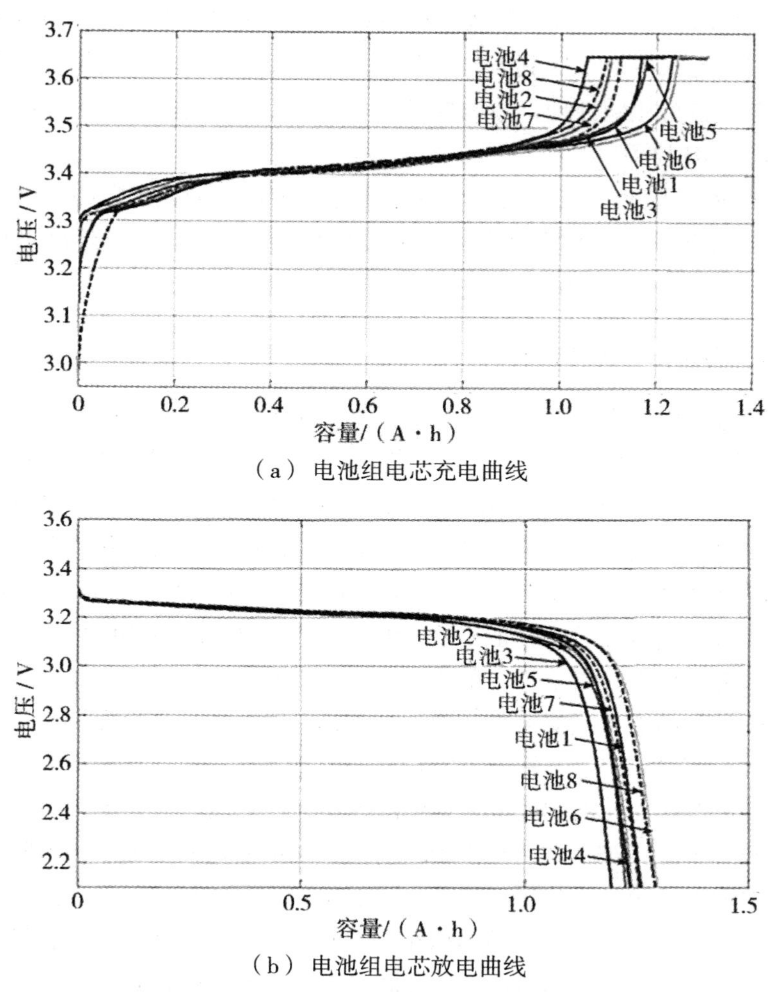

（a）电池组电芯充电曲线

（b）电池组电芯放电曲线

图 2-19　电池组电芯充电和放电曲线

1. 被动均衡

BMS 系统通过实时监测每个单体电池的电压，当某一串电池中的某一节电池电压过高时，会导通与该电池并联的开关管与电阻支路对电池进行放电，即被动均衡系统能够在充电过程中，开通电压高的电池均衡电路以适当减小其充电电流；在放电过程中，能够适当增加电压加大电池的放电电流。

假设 2 号电池大于 1 号电池和 3 号电池，则电子开关 Q_2 导通，电阻 R_2 和 2 号电池并联，起到分流作用，如图 2-20 所示。

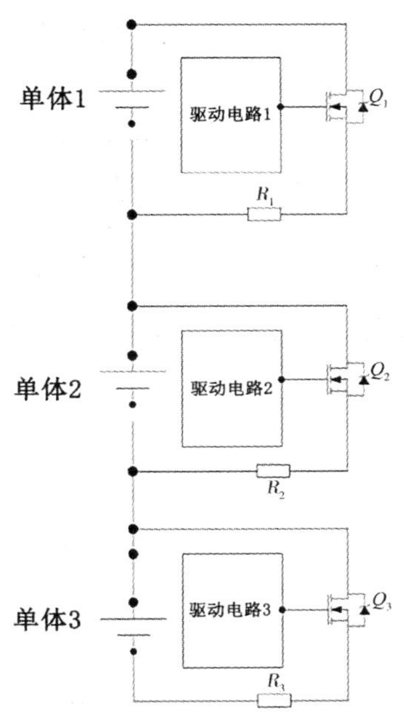

图 2-20 被动均衡电路

2. 主动均衡

被动均衡的主要缺点在于均衡分流电路的电流或功率等级限制了电池组的最大均衡电流；由于电阻的耗能导致被动均衡能效低；在较高充电电流作用下会产生相当大的热量。由于被动均衡方法的局限性，电池均衡将会逐渐采用主动均衡的方法。

广义的主动均衡可以理解为把某一个电压较高的单体电池的能量储存到电容、电感、变压器等储能元件中，再放电给电压较低的单体电池。或者直接由电压较高的单体电池直接给电压较低的单体电池充电，而不是用电阻"烧掉"。

由于电力电子技术的高度成熟，现在被研究且很容易实现的主动均衡方法有很多。例如，开关电容法、双层电容法、Cuk 变换器、控制变换器（Pulse Width Modulation，PWM）、准谐振法、谐振变换器法等。

开关电容法原理如图 2-21 所示，S_1、S_2、S_3、S_4 均为开关，B_1、B_2、B_3、B_4 均为电池。该方案将锂电池模组中电压较高的单体电池中的多余能量储存至电容中，再通过电容传输至电压较低的单体电池中。假设 B_2 电压最高，B_1 电压最低，操纵开关 S_1、S_2 连接电池 B_2， B_2 电池中的多余电量传输到电容 C_1 中，然后操纵开关 S_1、S_2 连接电池 B_1，将电容中存储的电荷转移到较低容量的电池 B_1 中，最终使电池组达到均衡。该方法能源利用率高，可利用于大功率场合，但只能在相邻电池之间传递能量，均衡速度慢。

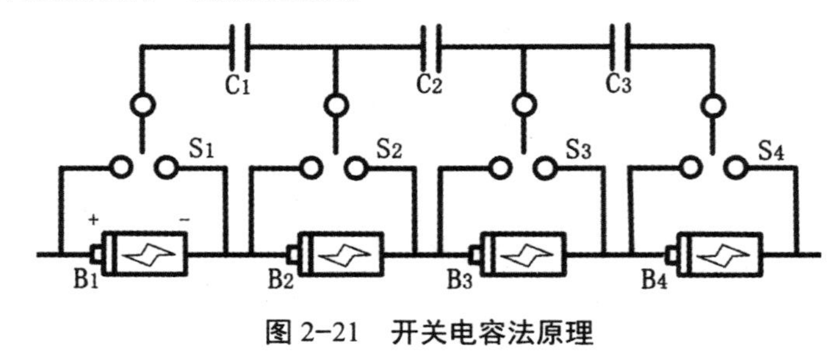

图 2–21　开关电容法原理

双层电容法原理如图 2–22 所示，双层电容法由开关电容法改进而来，有两层电容转移能量，均衡速度比开关电容法加快了 25%，但成本提高、体积增大。

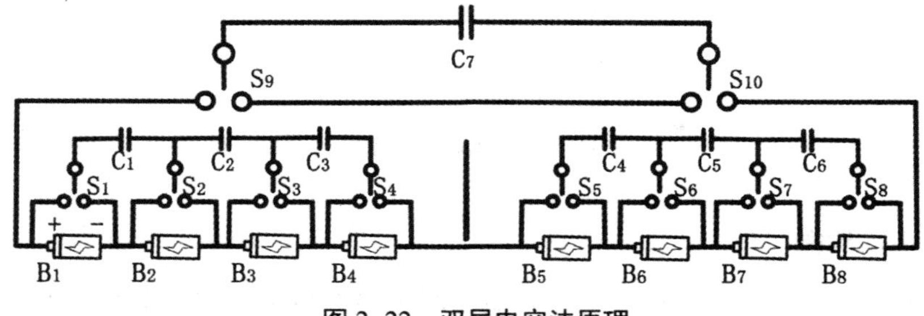

图 2–22　双层电容法原理

以上两种方式为电容式均衡。电感、变压器式均衡的原理基本相同。几种主动均衡方式的特点和难点见表 2–4。

表 2–4　几种主动均衡方式的特点和难点

方　式	效　率	实现难易难度	特　点
电容式	很低	很难	电压差要足够大
电感式	高	很难	比较广泛
变压器式	很低	相对容易	会漏磁

有业内人士根据自己的工程经验总结了一套选择均衡方式的方法。

（1）对于 10 A · h 以内的电池组，采用被动均衡是比较好的选择，控制简单。

（2）对于几十 A · h 的电池组来说，采用反激变压器，结合电池采样部分来做电池均衡比较经济。

（3）对于上百 A · h 的电池组来说，采用独立的充电模块会好一些，因为上百 A·h 的电池，均衡电流都在 10 ～ 20 A，如果串联节数再多一些，均衡功率就会很大，安全起见引线在电池外，应采用外部 DC/DC 均衡或 AC/DC 均衡。

总的来说，在技术上主动均衡是优于被动均衡的。但是在实际应用中，主动均衡的电路复杂，复杂的电路会带来较高的故障率，所以主动均衡较难推广。比如，特斯拉的 Model S 电动汽车依旧沿用了被动均衡技术。也许主动均衡的推广有待于集成电路和半导体产业做出更适合的芯片。

2.3.5 电池组的热管理

电池组温度是影响电池组性能的重要参数，电池组温度过高或过低都会造成电池组不可逆转的破坏。过高的工作温度也会影响锂电池的安全性，如“热失控”。在 150 ～ 200℃，电池内聚烯烃隔膜发生热收缩或熔融，导致电池大面积短路，剧烈放热，使得电池进一步升温，加速内部化学反应。当电池温度进一步升高到 180 ～ 300℃时，充电正极材料开始发生剧烈分解反应，电解液发生剧烈的氧化反应，释放出大量的热，产生高温和大量气体，导致电池燃烧爆炸。

低温状态下，锂电池内部的导电介质受到影响，其导电能力受到削弱，同时电池负极石墨的嵌入能力下降。对于这一点我们都深有体会，冬天我们的手机电池都不太耐用。低温时，放电的效率受温度的影响并不十分明显，低温主要是对锂电池的充电存在负面影响。因此，极易产生过充现象导致电极附近出现锂枝晶现象，进而影响锂电池的各项性能指标。锂电池的工作温度区间如图 2-23 所示。

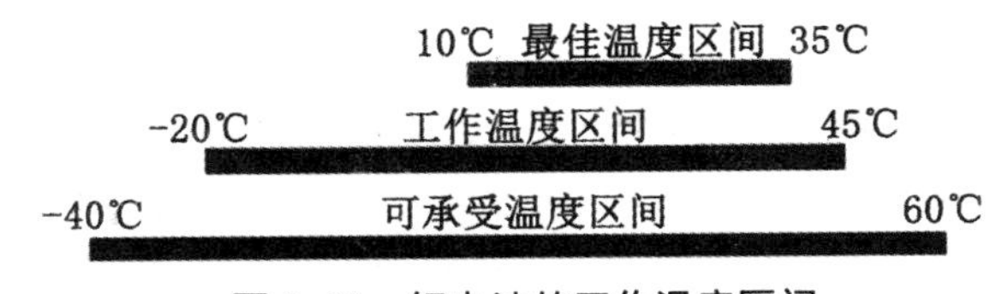

图 2-23 锂电池的工作温度区间

目前，锂电池热管理方式主要有空气冷却、液体冷却、基于相变材料冷却。

空气冷却主要是以空气为介质进行热交换，通过空气的流通来对发热的锂电池组进行降温处理，根据空气流动的方向和制冷结构布局，可以将空气冷却方式简单地分为串行和并行两种。按照空气的驱动方式又可以分为自然通风和强制通风。空气冷却的热控制方式具有结构简单、轻便、寿命长、可靠性高、成本低等特点，然而，因为空气的比热容较低，空气冷却难以处理大量的热量，所以其应用具有一定的局限。

液体冷却是以液体作为导热介质进行的热量控制方式。根据是否与电池接触，其可以分为非接触式和非接触式；根据液体流动的驱动方式，其可以分为主动式冷却和被动式冷却；根据液体的流动通道其可以分为管式液冷、板式液冷。与空气冷却方式相比，液体冷却系统的结构复杂、成本较高。但是，液体导热介质的比热容有着更大的调整空间，其散热效率和散热速度也更为可观。目前，电动汽车主要应用液体冷却系统来进行锂电池热管控。

基于相变材料冷却是指利用在特定温度下发生相变吸收或释放能量的材料，通过材料的热量变化来使锂电池系统维持在一个适宜的温度区间。基于相变材料冷却具有结构紧凑、接触热阻低、冷却效果好等优点。然而，相变材料吸收的热量需要依靠液冷系统、空气冷却系统、空调系统等导出，否则会因相变材料无法持续吸收热量导致失效。此外，相变材料占空间、成本高。因此，基于相变材料冷却技术多和其他热管理技术结合起来使用，能起到均匀电池温度分布、降低接触热阻以及提高散热速度等作用。几种散热方式的比较见表 2–5。

表 2–5　几种散热方式的比较

比较能力	空气冷却	液体冷却	基于相变材料
安装	容易	复杂	较复杂
冷却能力	一般	好	极好
使用寿命	长	一般	一般
成本	低	高	较高

当前，市场上的储能系统、电动汽车系统都选择使用智能风冷热管理系统。这种热管理系统不仅仅是用风扇强制散热，还需要通过分析传感器采集的温度与电池组的关系，确定电池组的合理摆放位置，使电池箱具有快速散热功能，也可以通过温度传感器测量对比自然温度和箱内电池温度，确定电池箱体的通风孔的大小。

储能系统的通风方式有两种，即串行和并行。串行结构如图 2–24 所示，空气从左侧吹入，从右侧吹出，被电池依次加热，越往右空气的温度越高，冷却效果越差。电池箱内电池温度从左到右依次升高，导致电池模块温度分布的不一致性，影响电池的冷却效果。

图 2–24　串行结构

为了让空气均匀地为电池散热，并行结构是一种良好的方式，如图 2–25 所示。

并行结构加入了导流板，可以通过导流板产生的压力，让空气从电池间的缝隙中流过，达到均匀散热的目的。并行结构可以通过改变导流板与水平面夹角调整气压，从而间接地影响空气的流速。一般夹角设定为 2° ~ 6°。除了调整导流板夹角外，还可以通过调整电池之间的间距，调整空气的流动阻力。间距越小意味着气体阻力越大，有些产品的设计是沿着进风口到出风口方向，间距依次减小，阻力依次增大，这样空气会根据其受到的阻力重新分配流量，起到调整空气流速分布的作用。

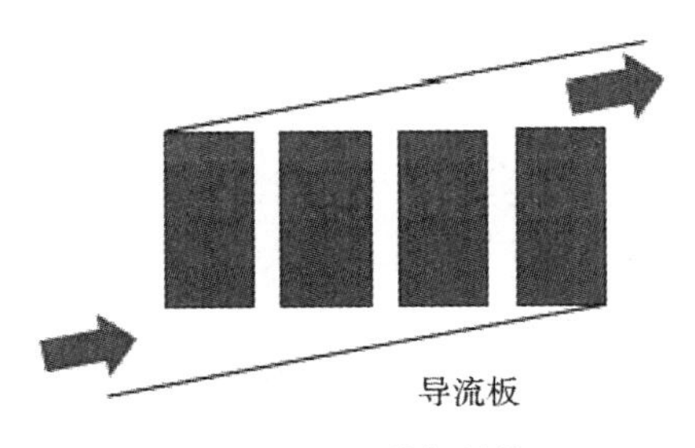

图 2–25 并行结构

特斯拉 Model S 电动汽车使用的是液体冷却系统，水加乙二醇（1 ∶ 1），乙二醇的目的是防冻。冷却液的管路使用的是铝管，换热性能更好。特斯拉的液冷系统通过 S 形冷却管包裹每一根“电芯”，如图 2–26 所示。可以把电池之间的温度控制在 2℃上下，优于风冷系统的 5℃。液冷系统还承担着电动机与电控的冷却任务。冷却液循环系统带走的电池热量，会从车辆头部的热交换器散发出去。

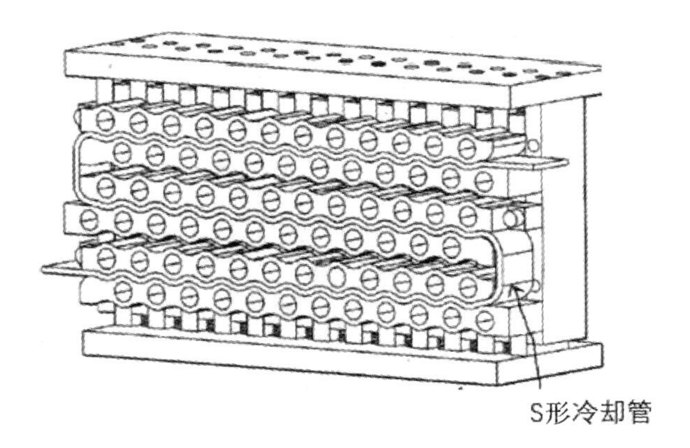

图 2–26 特斯拉 Model S 冷却系统

（资料来源：https://www.ofweek.com.）

2.3.6 BMS 总成

除了热管理、SOC 计算、均衡、电路保护外，BMS 还有单体电池电压测量、单体电池温度测量、总电压测量、总电流测量、绝缘电阻测量、实时数据显示、数据记录及图表分析、总线通信（Controller Area Network，CAN）等功能。

BMS 的电路板总成如图 2–27 所示，包括负载连接端子、温度采集端子、报警 LED 接口、保护 MOS（过充放保护）端子、充电端子、电芯采集端子和数据接口。

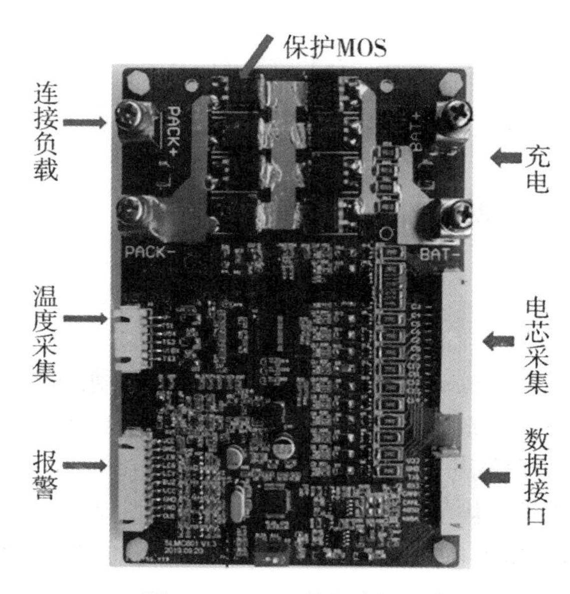

图 2–27　BMS 的电路板总成

报警 LED 接口的作用是，判断需要警示的参数和状态，并且将警示发送给保护板通信。要发送和接收数据，就要有通信，BMS 是通过 RS232/RS485/CAN 通信与控制器通信的。BMS 警示包括 SOC、总电压高、总电压低、单体电压高、单体电压低、单体压差大、放电电流大、充电电流大、温度高、温度低、温差大、绝缘阻值低、BMS 自检故障、温度测量故障、电流测量故障、单体电压测量故障以及通信故障等。

储能电池管理系统的拓扑图如图 2–28 所示。图 2–28 中物理层具有单体电池电压 U、温度 T、电流 I、时间 t 等测量功能；中间层为电池组数据计算单元，主要是对充放电功率、SOC 和 SOH 等数据进行分析计算；应用层电池管理单元对中间层电池数据进行控制管理、实时显示、性能分析、记录存储及上传后台。

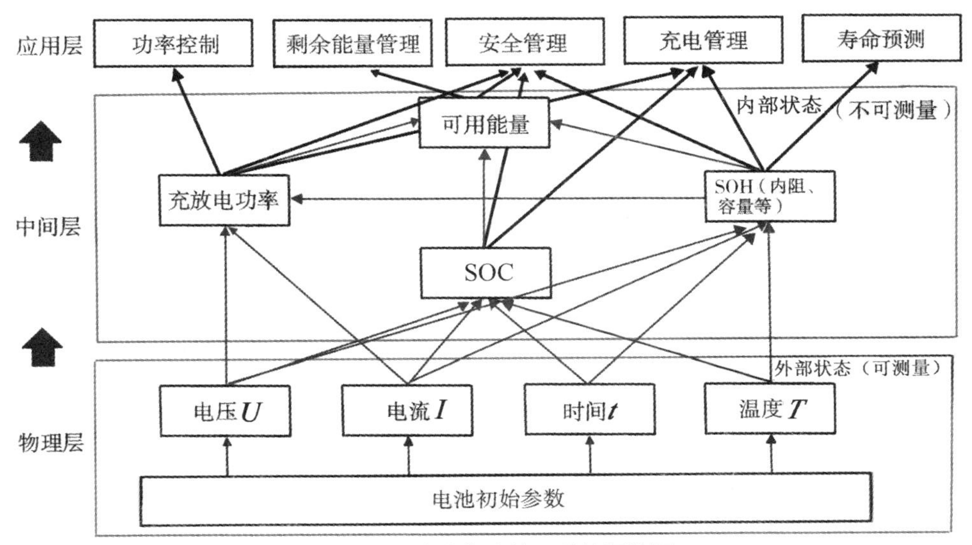

图 2-28 储能电池管理系统拓扑图

BMS 是储能系统，也是电动汽车系统的神经中枢。2011 年 9 月，工业和信息化部等四部委联合发布了新能源汽车示范推广“安全令”（《关于加强节能与新能源汽车示范推广安全管理工作的函》），提出了加强节能与新能源汽车示范运行安全管理的具体措施；2016 年 12 月，工业和信息化部发布《关于进一步做好新能源汽车推广应用安全监管工作的通知》，强调“对投入示范运行的插电式混合动力汽车、纯电动汽车要全部安装车辆运行技术状态实时监控系统，特别是要加强对动力电池和燃料电池工作状态的监控”；2018 年 4 月 12 日，电动汽车用动力电池标准化工作组第五次会议在成都召开，重点讨论了镍氢电池 BMS 状态参数测量精度与测试方法的特殊要求问题，会后通过修订形成标准征求意见稿，这里不再赘述，有兴趣的读者可以在网上下载阅读。

同时，业内也在研究以功能安全国际基础标准 IEC 61508 为指导的储能版的 BMS 开发。此项内容可参阅袁宏亮等《功能安全引入储能领域的应用探讨》。

惠州亿能电动汽车用 BMS 产品参数见表 2-6，BMS 外观如图 2-29 所示，这也代表了市场主流产品的技术水平。

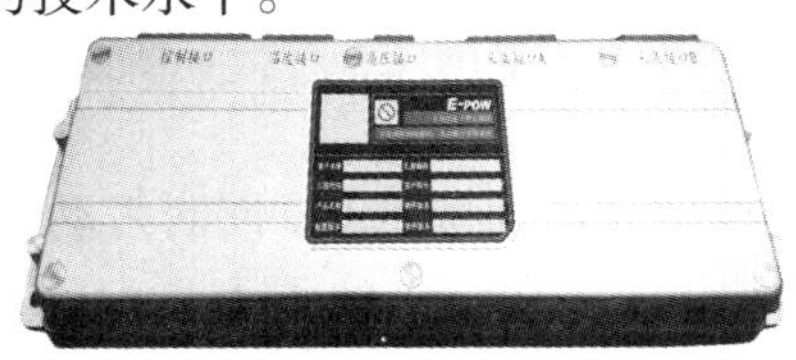
图 2-29 BMS 外观

表 2-6 BMS 产品参数

序 号	项 目	参 数
1	BMS 工作电压范围	12 V（9 ～ 16 V）
2	BMS 工作功耗（额定 / 峰值）	3 W / 26 W
3	BMS 静态功耗	50 μA
4	BMS 工作温度范围	–40 ～ 85℃
5	BMS 储存温度范围	–40 ～ 95℃
6	BNS 工作温度范围	0 ～ 95%
7	单体电池电压检测范围	0 ～ 5 V
8	单只电池电压采样精度	≤ ± 10 mV（2 ～ 5 V/–25 ～ 55℃）
9	单只电池电压采样频率	＜ 30 ms
10	总电压检测通道数	1(检内部总电压及外部总电压)
11	总电压测量范围	5 ～ 250 V
12	总电压检测精度	＜ 0.5% FSR(FSR：满量程)
13	温度测量范围	–40 ～ 80℃
14	温度检测精度	＜ ±2℃ (NTC)
15	电流检测精度	＜ 1% FSR（FSR：满量程）
16	绝缘监测	分三级，0. 无故障（ ＞ 500 Ω/ V）；1. 一般故障（100 ～ 500 Ω/ V）；2. 严重故障（ ＜ 100 Ω/ V）
17	SOC 估算精度	＜ 8%（纯电动工况）
18	绝缘故障判断依据	GB / T 18384.3—2001
19	均衡模式（只能选其中一个模式）	被动均衡：100 mA（三元体系材料） 主动均衡：300 mA（CC/CA 模式充电）
20	对外 CAN 接口路数	3 路（CAN 电池、CANO 整车、CAN2 整车）
21	继电器控制路数	5 路（控制电源正）
22	继电器功率（峰值）	EV200（3.8 A）/ LEV100（1.0 A）/ CMA31（0.5 A）
23	电磁兼容（EMC）性能测试	亿能企业参考标准
24	故障数据记录	有
25	电池参数表	* 甲方提供
26	电池管理系统清单	* 亿能提供
27	电池箱电芯排布及接线图	* 甲方提供

2.4 退役动力电池处理问题

近年来，我国大力推广应用新能源汽车，同时带动动力电池市场的快速发展。动力蓄电池产销量逐年攀升，随之而来的是大量面临退役、报废的电池。从企业质保期限、电池循环寿命、车辆使用工况等方面综合测算，2018 年后新能源汽车动力蓄电池将进入规模化退役，根据中商产业研究院数据（见图 2-30），2020 年累计超过 20 万吨（24.6 GW·h）。此外，如果按 70%可用于梯次利用，大约有累计 6 万吨电池需要报废处理。随着新能源汽车的进一步推广，电动汽车保有量将提升，动力蓄电池市场需求进一步释放。未来，动力电池回收市场规模扩大，行业前景广阔。

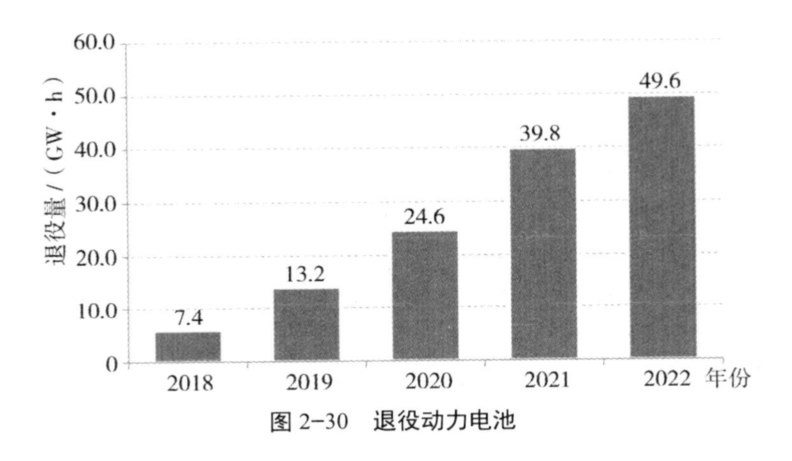

图 2-30　退役动力电池

2.4.1　报废回收处理

我国新能源汽车自 2014 年进入爆发增长阶段，按照乘用车电池 4~6 年使用寿命测算，2014 年产乘用车用动力电池在 2020 年开始批量进入报废期；商用车数量较少，但商用车搭载电池容量更高，因此其报废量也将可观。根据招商证券的研究数据，2020 年我国有超过 20 万吨退役锂电池，2025 年将产生 80 万吨的退役锂电池（134.39 GW·h）。

2018 年 7 月，工业和信息化部等七部委发布《关于做好新能源汽车动力蓄电池回收利用试点工作的通知》，确定京津冀、山西、上海、江苏等地区及中国铁塔股份有限公司为试点地区和企业，开展动力电池回收试点工作，这标志着我国动力电池回收进入大规模实施阶段。

随着新能源汽车的推广，动力锂电池需求的增长，国内锂需求也随之爆发，锂的价格从 2016 年开始飙升。我国虽然锂矿资源丰富，但是因为幅员辽阔以及开采难度大等产出较少，锂资源供给有限，90%以上的需求都依赖进口。与此同时，镍元素和钴元素都是价值较高的有色金属。其中，镍的价格目前在 11 万元 / 吨左右，钴的价格在 21 万元 / 吨左右。钴是战略资源，我国钴矿资源较少，目前探明储量为8万吨，仅占世界钴储量的1.12%，且国内钴矿品位低，回收率低，生产成本高，供需缺口导致进口依存度高。锂电池有色金属含量见表2-7。

表2-7 锂电池有色金属含量

元 素	三元材料电池	磷酸铁锂电池	锰酸锂电池	钴酸锂电池
钴	3.0%	—	—	15.3%
镍	12.1%	—	—	—
锰	7.0%	—	10.7%	—
锂	1.9%	1.1%	1.4%	1.8%

废旧电池回收拆解的完整流程一般包括4个步骤：①电池的预处理；②电池材料的分选；③正极中金属的富集；④金属的分离提纯。每个步骤都包含多种处理方法，各有优、缺点。回收方法按提取工艺可分为火法回收技术、湿法回收技术和生物回收技术3种。综合利用各种方法对金属材料进行回收，金属的回收率和纯度均基本达到90%以上。

目前，国内的拆解再生回收技术正日渐成熟，电池回收领域主流参与企业包括以宁德时代为代表的自建回收体系电池生产厂商（见图2-31）、以格林美为代表的第三方专业回收拆解利用企业、以北京赛德美为代表的电解液和隔膜拆解回收企业。

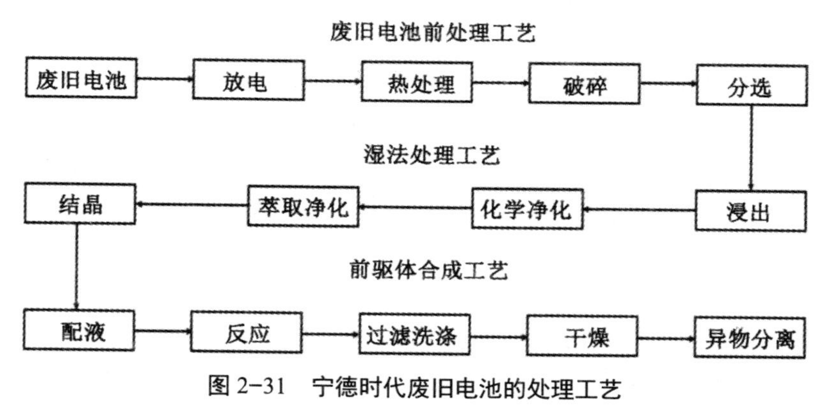

图2-31 宁德时代废旧电池的处理工艺

2.4.2 动力电池梯次利用

从电动汽车上退役的动力电池通常具有初始容量60%～80%的剩余容量，并且具有一定的使用寿命，目前主要处理方法有两种：①拆解回收，即将退役电池进行放电和拆解，提炼原材料，从而实现循环利用；②梯次利用，即将退役的动力电池用在储能等其他领域作为电能的载体使用，从而充分发挥其剩余价值。

从目前潜在退役电池结构来看，未来中期退役电池主体以磷酸亚铁锂为主、三元电池为辅。根据动力电池 4～6 年的使用寿命进行推测，截止到 2022 年的数据，磷酸亚铁锂电池都将是退役电池的主力。预计从 2023 年开始，三元动力电池将超过磷酸亚铁锂电池，成为再生利用的主要对象。

磷酸亚铁锂电池容量衰减程度远远小于三元电池。三元电池循环次数在 2 500 次左右时，电池容量衰减到 80%，此后相对容量随着循环次数的增多呈现迅速衰减趋势，故梯次循环次数较少，再利用价值极低，而磷酸铁锂电池容量随循环次数的增多呈缓慢衰减趋势，当电池容量衰减到 80%后，从汽车上退役下来的磷酸亚铁锂电池仍有较多循环次数，有较高梯次的利用价值。

退役动力电池可以梯级利用到通信基站、储能、低速车、路灯等多个领域，但鉴于成本、安全等多重因素，目前真正有一定规模应用的仅有中国铁塔的通信基站。2015 年，中国铁塔开始探索动力电池回收及循环利用，前期组织 9 个省份分公司、10 个厂商建设了 57 个试验站点，测试站点地域范围覆盖全国大部分地区，是主要的基站类型。经过近两年的跟踪，测试站点运行良好，数据表明，梯级电池应用于通信基站领域具有良好的可行性。在前期试点基础上，于 2017 年 6 月启动更大规模试点，陆续在广东、福建、浙江、上海、河南、黑龙江、辽宁、山东、天津、山西、四川、云南 12 个省市 11 000 多个基站开展梯级电池替换现有铅酸蓄电池的试点。2018 年初，铁塔公司与重庆长安、比亚迪、银隆新能源、沃特玛、国轩高科、桑顿新能源等 16 家企业签订了新能源汽车动力电池回收利用战略合作伙伴协议。

梯次利用锂电池主要有两种模式。

（1）重新组装，即将回收的退役动力电池包拆散，对每个锂电芯进行剩余容量等性能评估，根据测试结果将容量相当的锂电池重新组装成 PACK。这种方法耗费人力、物力、财力太大，经济预期并不美好。

（2）把整车退役的动力电池作为一个基本的储能单元利用，最大限度保证电池组原有状态和一致性不变，然后配上一台中小功率的变流器（Power Conversion System，PCS），加上合适的监控单元构成一个基本的储能单元。

2018 年 3 月 21 日，4 个崭新的小车充电车位在江苏南京长深高速六合服务区投用。该项目为江苏电动汽车退役电池梯次利用光储充一体化电站的一部分，远景规划建设 8 个充电位。比较特别的是，该项目将光伏—储能—充电桩切实应用到实际中。在充电车位雨棚上建设容量约 12 kW 的光伏发电单元，配置容量为 100 kW · h 的梯次利用电池单元。其中，配套的电池来自电动汽车退役产品。

2018 年 9 月 1 日，1 MW/7 MW · h 梯次利用工商业储能系统项目在江苏南通如东成功投运。该系统由 7 个 180 kW/1.1 MW · h 集装箱式储能系统组成，总装机量为 1.26 MW/7.7 MW · h，运行时 SOC 设定为 90%，系统的有效容量为 7 MW · h。该储能项目利用了江苏峰谷价差优势，采用以削峰填谷为主、需量调控为辅的控制策略用于白天生产照明。同时，公司生产有了可靠用电的补充方式，谷电价阶段厂区供电系统向储能系统充电，峰电价阶段储能系统向厂区负载供电。统计数据显示，自投运以来，该项目每天可产生大约 4 500 元的峰谷价差收益，预计 5 年内可收回投资成本。

截至 2018 年底，中国铁塔公司在全国 31 个省约 12 万个基站开展梯次利用电池备电应用，使用梯次利用电池约 1.5 GW · h，替代铅酸电池约 4.5 万吨，目前运行情况良好，充分验证了梯次利用安全性和技术经济性可行性。同时，与中国邮政、各大商业银行、国网电动车等企业合作研究将梯次利用电池应用在机房备用电源、电网削峰填谷、新能源发电及电力动态扩容等方面，并正在甘肃河西地区建设 15 MW · h 光伏发电梯次利用、10 MW · h 风力发电梯次利用等试验项目，提升梯次利用综合效率。

2.4.3 锂电池产品概述

锂电池产品线一般分消费电子类锂电池、动力电池和储能电池 3 种。

1. 消费电子类锂电池

锂电池体积小、容量大，早已经深入我们的生活。除了手机用的锂电池外，很多家用设备（如扫地机器人和手持式吸尘器）也采用锂电池。另外，很多移动式的医疗设备都会用到锂电池产品。未来的 5G 时代，我们的周围会出现各种各样的“蜂窝”设备，以及分布式的“边缘”计算设备。这些设备耗电量都很小。供电要求多种多样。单一型号的锂电池不能满足为这一类消费型电子产品供电的需求，这就需要各种规格的“定制”消费类电子锂电池。各种电子产品的锂电池如图 2-32 所示，从左到右分别为电钻用锂电池、电动平衡车用锂电池、iPad 用锂电池。

图 2-32　各种电子产品中的锂电池

2. 动力电池

顾名思义，动力电池主要用在各种电动汽车上，除了名称上的区别外，动力电池和储能电池还有什么区别呢?

（1）容量区别：动力电池电芯容量低于储能电池，因为动力电池要求有比较好的放电倍率，原材料构成方面需要导电性更强，所以会牺牲容量。

（2）内阻区别：动力电池电芯内阻低于储能电池的内阻。

（3）放电倍率区别：动力电池电芯放电倍率（3 ～ 5 C）高于储能电池的放电倍（0.5 ～ 1 C）。

（4）循环寿命区别：动力电池电芯循环寿命在 2 000 次左右，储能电池循环寿命一般在 4 000 次左右。

动力电池的价格是储能电池的 1.2 倍左右，由于动力电池的特殊用途，在动力电池的容量低于原容量的 80%时，动力电池将会退役成储能电池。

动力电池需要和电动汽车车身融为一体，比如，特斯拉电动汽车动力电池安装在汽车底盘里，质量可达 900 kg（见图 2–33）。电池组四周有加强筋和受力框架保护。特斯拉使用的电池并非专用的整块大电池，而是将几千个圆柱形 18650 小电池组装起来。Model S 与 Model X 目前使用的都是松下供应的 18650NCA 特制电池。据称，国产的特斯拉会使用宁德时代的磷酸亚铁锂电池取代松下电池，这样可以降低成本。

图 2–33　特斯拉电动汽车的电池

3. 储能电池

市场上最常见的就是储能电池，消费电子类电池其实就是小的储能锂电池。现在业内把储能电池的电池模块（模组）做到了标准的 48 V/60 V，通过串联并联得到相应的容量和电压，再通过 DC/DC 变换器得到储能变流器需要的直流电压。

以集装箱式储能锂电池为例。某公司 1 MW · h 的电池系统由 2 套 500 kW · h 系统、1 套 500 kW · h 系统、1 套电池管理系统和 16 组电池阵列组成。1 组电池阵列由 14 个电池模块组成，1 个电池模块由 13 颗电池单体组成。集装箱式锂电储能系统原理如图 2–34 所示。

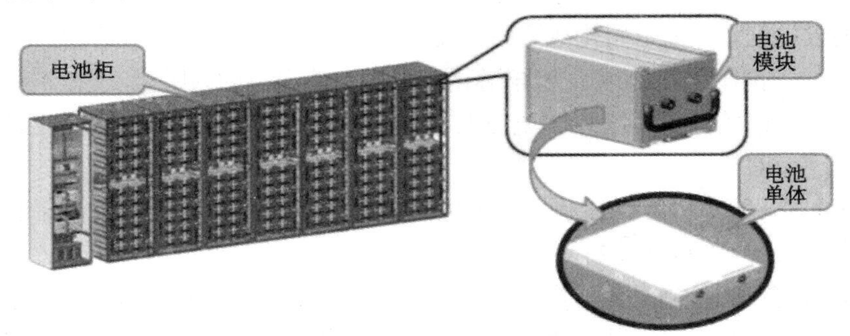

图 2–34　集装箱式锂电储能系统原理

由于上述数据没有显示使用了什么型号的单体电池，所以下文通过反向推算法推算该系统的单体电池容量，向读者介绍储能系统的计算方法。

如果使用三元电池：

1 个电池模块由 13 颗电池单体组成：13 S（Series 串联）13 × 3.7 V=48.1 V。

1 组电池阵列由 14 个电池模块组成：14 S（Series 串联）14 × 48.1 V=673.4 V。

16 套电池阵列组成一个 500 kW · h 的系统：16 P（Parallel 并联）。

由系统电池容量约为 500 kW · h 可以推算出单体电池容量为 46 A · h 约为 50 A · h。

如果使用磷酸亚铁锂电池：

1 个电池模块由 13 颗电池单体组成：13 S（Series 串联）13 × 3.2 V=41.6 V。

1 组电池阵列由 14 个电池模块组成：14 S（Series 串联）14 × 41.6 V=582.4 V。

16 套电池阵列组成一个 500 W · h 的系统：16 P（Parallel 并联）。

由系统电池容量约为 500 kW · h 可以推算出单体电池容量也为 53 A · h 约为 50 A · h。

但是由于现在的储能系统的电池组电压都在 600 ～ 900 V 这个范围，所以该系统应该采用的是 3.7 V 的三元电池。

再以阳光电源的 ST5250 储能系统为例（见表 2–8），该系统电池容量为 5 250 kW · h，使用 3.2 V/120（A · h）的磷酸亚铁锂单体电池。228 节单体电池串联电压为 729.6 V，组成了 729.6 V/120（A · h）的电池组；60 个电池组并联，组成更大的 729.6 V/7 200（A · h）的电池组。

表 2–8 阳光电源的 ST5250 储能系统参数

项 目	参 数
电池参数	ST5250 kW · h(L)–2500–MV
电芯参数	3.2 V/120（A · h）
系统电池配置	228S60P
电池额定容量	5 250 kW · h
电池电压范围	616 ～ 832 V
BMS 通信接口	RS485，Ethernet
BMS 通信协议	Modbus RTU，Modbus TCP

集装箱储能系统平面图和侧视图如图 2–35 所示。图 2–35 中清晰地展示了锂电池的布置方式，以及储能变流器、配电柜、消防系统、空调通风系统的安装位置。锂电池易燃，曾引发多起储能电站火灾。因此，消防系统必须能够及时有效地扑灭火灾。业内主要使用的灭火材料为七氟丙烷。同时，集装箱内应配置烟雾传感器、温度传感器等安全设备，烟雾传感器和温度传感器与系统的控制开关形成电气连锁。一旦检测到故障，集装箱就会采用声光报警和远程通信的方式通知管理者，同时切掉正在运行的锂电池设备。

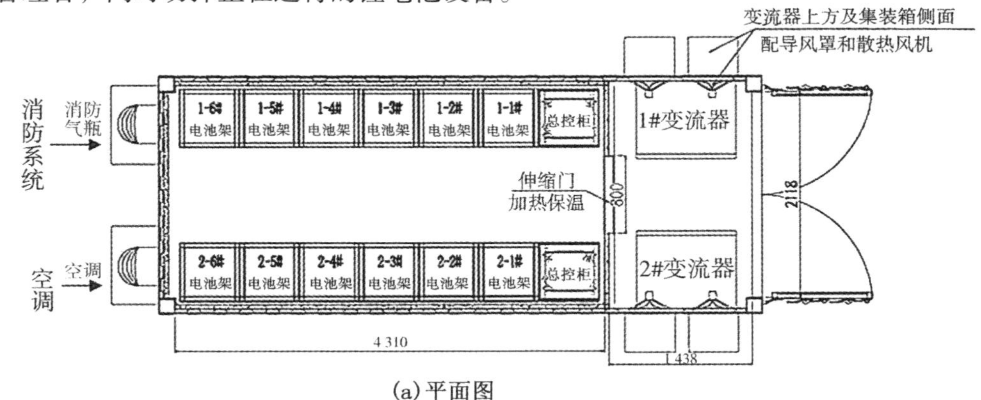

(a) 平面图

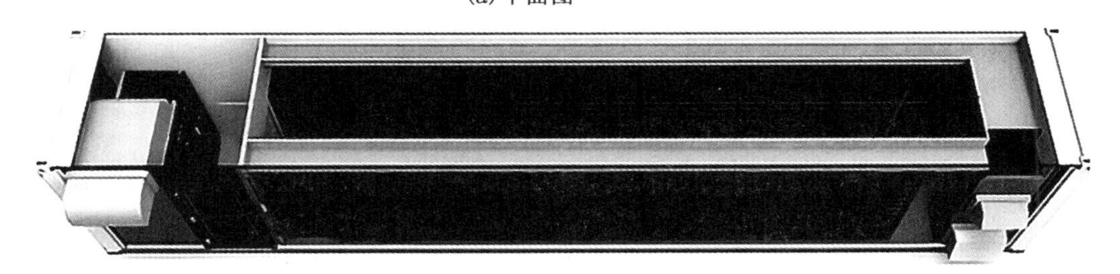

（b）侧视图

图 2–35 集装箱储能系统平面图和侧视图

由于锂电池对环境温度要求很高，因此集装箱系统里配备了精密空调系统。在冬季即外部环境温度为 -20℃左右时，在系统启动前开启空调制热功能将整个集装箱室温调整为平均 10℃情况下空调待机。夏季空调系统将整个集装箱室温调整为平均 25℃。

第3章　电动汽车充电系统

充电桩是用来给电动汽车（Electric Vehicle，EV）充电的设备。充电桩主要由桩体、电气模块、计量模块等组成，具有电能计量、计费、通信、控制等功能。充电桩设备本身并没有太高的技术含量，各厂家的差异主要体现在所生产设备的稳定性、兼容性，以及对成本的控制能力上。

3.1　充电桩分类

充电桩有很多分类，根据充电方式的不同，可以将充电桩分为交流充电桩、直流充电桩和直流交流一体充电桩（见图 3–1）。

交流充电桩一般安装在居民区、商场、服务区、路边停车场等场所，是指为电动汽车车载充电机提供交流电源的供电装置。交流充电桩本身并不具备充电功能，只是提供电力输出，还需要连接电动汽车车载充电机。由于电动汽车车载充电机的功率都比较小，一般为 3.5 kW、7 kW、15 kW，因此交流充电桩无法实现快速充电。

直流充电桩固定安装在户外专门的电动汽车充电站等场所，为电动汽车电池提供直流电源。直流充电桩可直接为电动汽车的电池充电，一般采用三相四线制或三相三线制交流供电，直流侧（充电侧）的输出电压和电流可调范围大（DC 200 ～ 750 V），可以实现电动汽车快速充电。

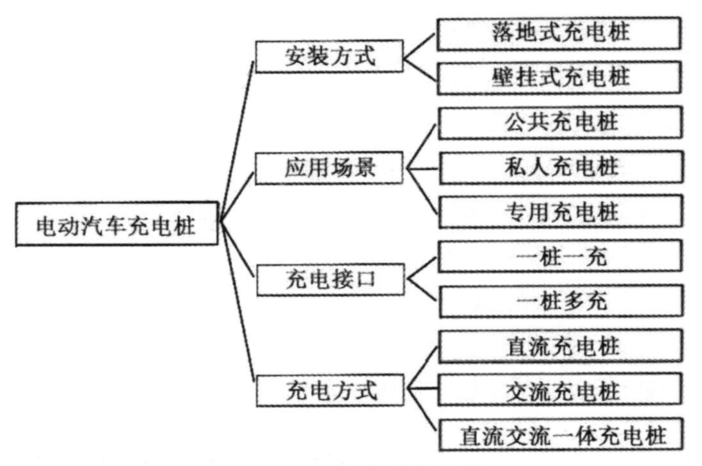

图 3-1　充电桩的分类

3.1.1 交流充电桩

壁挂式交流充电桩如图 3-2 所示，充电电压为 220 V ×（1±15%）、频率为 45 ～ 66 Hz、最大输出电流为 32 A、输出功率为 7 kW，这是市场目前主流的交流充电桩的功率。交流充电桩本身没有什么技术含量，但是要求实现的功能比较多，单从交流充电枪的插头就能看出，见图 3-3 和表 3-1（参照 GB/T 20234）。

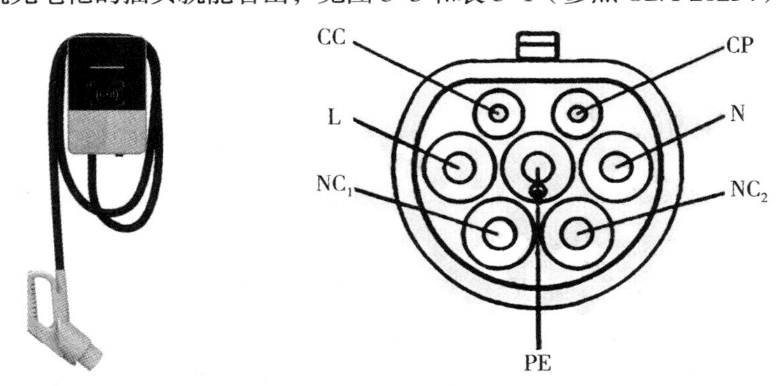

图 3-2　壁挂式交流充电桩　　图 3-3　交流充电枪剖面图

表 3-1　充电枪各个插头功能

端子名字	功能与电气参数
CP	充电控制导引线 2 A/35 V
CC	确认连接
L（U）	单相输入 L 线（三相输入 U 线）

续表

端子名字	功能与电气参数
NC_1（V）	空（三相输入 V 线）
NC_2（V）	空（三相输入 W 线）
N	单相输入 N 线（三相输入中线）
PE	接地线

目前，市场对交流充电桩的基本功能要求有智能充电和安全充电。

智能充电主要是指充电桩应具有 3G/4G/Wi–Fi 的移动通信功能、控制器局域网络（Controller Area Network，CAN）通信功能、蓝牙 / 读卡通信功能，充电桩有一个主要的功能就是计量电量并上传数据，所以需要 3G/4G/Wi–Fi 的移动通信功能。3G/4G 通信一般使用标准用户身份识别（Subscriber Identity Module，SIM）卡通信方式，需要 1 个 SIM 卡插槽，并支持外插式安装。蓝牙通信模块用于与用户手机通信，蓝牙通信模块一般通过 RS232 接口与计费控制单元通信。充电桩一般会配置 CPU 卡读卡器，感应距离一般不小于 4 cm，并应该支持 ISO 14443 协议，且读卡器具备 RS232 接口，能够与计费控制单元进行通信。交流充电桩内部功能如图 3–4 所示。

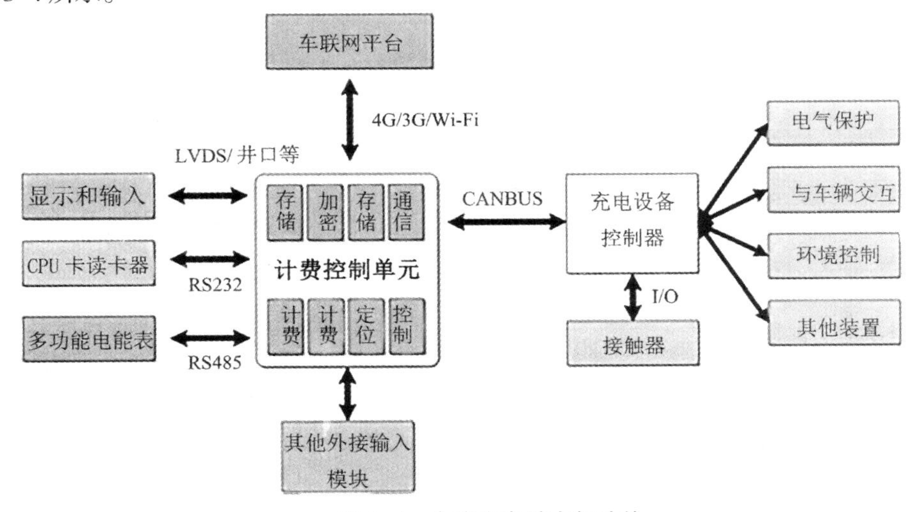

图 3–4 交流充电桩内部功能

安全充电主要是指交流充电桩应该符合《电动汽车传导充电系统通用要求》（GB/T 18487.1—2015）附录 A 中对应的描述和要求：

（1）充电桩的电源回路应具备带负载可分合的开关电器。

（2）充电桩的电源回路应安装过载、短路、漏电保护装置。

（3）充电桩的电源回路应安装 D 级防雷装置。

（4）充电桩应具备急停开关，能实现在充电过程中 100 ms 内紧急切断输出电源。

（5）在充电过程中出现连接异常时，充电桩应立即（100 ms 内）自动切断输出电源。

（6）在停止充电时，充电桩应保证输出电源回路处于断开状态。

（7）额定充电电流大于 16 A 的充电桩，供电插座应设置温度监控装置，供电设备应具备温度监测和过温保护功能。

（8）剩余电流保护器宜采用 A 型或 B 型。

3.1.2 直流充电桩

直流充电桩相对于交流充电桩充电更快，因此在有些场合又叫“快充”。直流充电桩和交流充电桩的区别见表 3–2。直流充电桩内部有充电模块，把交流市电整流为直流电，为电动汽车的电池直接充电。图 3–5 所示为直流充电模块，目前市场主流的充电模块为 15 kW 和 20 kW 两种，大功率的充电桩由若干个充电模块并联而成（见图 3–6）。

表 3–2 直流充电桩和交流充电桩的区别

	直流充电桩	交流充电桩
分类	一体式、分布式	落地式、壁挂式、移动式
主要使用场景	运营车充电站、快速充电站	公共停车场、小区私人停车位
充电方式	直充	需要车载充电机作为中间媒介
输入	三相四线 380 V ± 15%	交流电网 220 V
输出	最大电压 750 V，最大电流 250 A	220 V，16 ～ 32 A
充电功率	30 ～ 120 kW	7 ～ 15 kW
充电时间	20 ～ 150 min	4 ～ 8 h
价格	7 万～ 15 万元 / 台	0.5 万～ 2 万元 / 台

资料来源：根据招商银行数据研究院数据整理。

图 3–5 直流充电模块

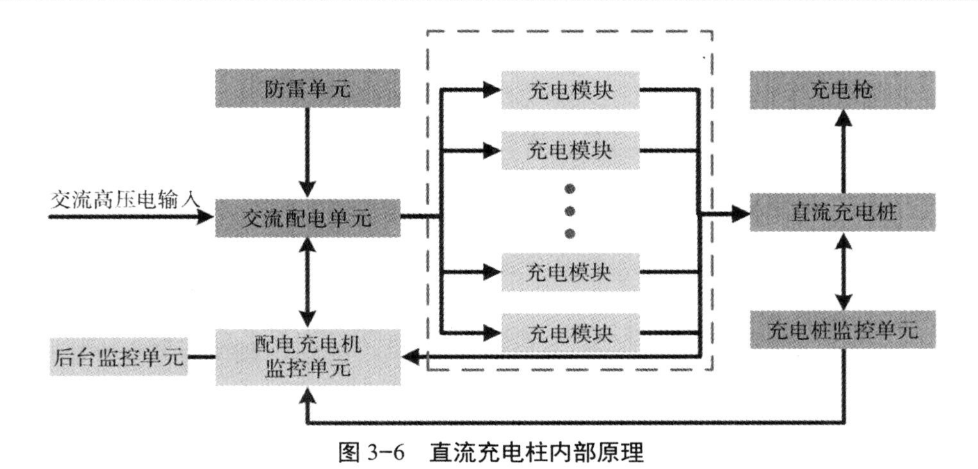

图 3-6　直流充电柱内部原理

这里涉及两种有技术含量的技术。

（1）由于传统的整流电路会给电网造成严重污染，功率越大，整流电路向电网注入的谐波越大，因此，主流厂家生产的充电桩都使用采用 VIENNA 式的三相功率因数校正电路（Power Factor Correction，PFC），实现交、直流转换。

（2）由于直流充电桩由多个充电模块并联，而多个功率模块并联的均流问题又是电力电子行业关注的焦点问题，因此，在制订并联均流方案的时候，将控制器局域网络总线（Controller Area Network，CAN）作为基础（汽车电子行业都使用 CAN 通信）。所谓均流方案，就是在负载发生变化时，每个模块在输出电压不变的情况下，所产生的电流变化是相同的，这样可以让每个充电模块在输出时都按照功率变化量份额平均分配。打个比方，假设充电模块 1# 输出电流是 10 A，那么 2# 也应是 10 A，*n*# 也是 10 A。如果输出电流有一定的差距，就会在功率模块之间产生环流。目前，市场上的直流充电桩功率都比较大，充电模块的数量大，如果均衡做得不好，就会降低充电效率，甚至发生事故。

直流充电桩主要分为单枪充电桩、双枪轮充充电桩、双枪同充充电桩以及群充充电桩 4 种。

1. 单枪充电桩

单枪充电桩的结构和操作简单，成本较低，但单枪充电有一个很大的缺点，只能对大功率的新能源汽车进行充电，投入设备大，对新能源汽车充电也有很大限制，一次只能充一辆新能源汽车，而且在夜晚充电时也需要人工对车辆进行充电调度，对用电功率比较小的新能源汽车进行充电时会造成剩余功率的浪费，若对单枪充电桩进行改造，其后期的升级费用高昂。

2. 双枪轮充充电桩

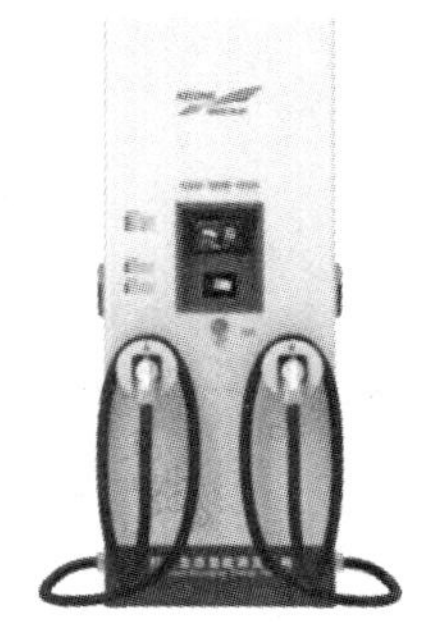

图 3-7 双枪轮充充电桩

双枪轮充充电桩不需要人工调度，结构也和单枪充电桩相同，利用率更高，但是它存在的明显缺点就是没有办法同时对两辆新能源汽车进行充电。由于大电流一直保持新能源汽车进行充电的状态，长期下来会影响新能源汽车的电池寿命，升级改造费用也很高。图 3-7 为双枪轮充充电桩。

3. 双枪同充充电桩

双枪同充充电桩可以同时对两辆车充电，让电流的利用率更高，需要很高的投资，车辆少的时候可以进行充电，但是在车辆多的时候需要人工去干预调度。

4. 群充充电桩

群充充电桩可以为多辆汽车充电。由整流柜、充电终端组成，可根据应用场景灵活配置。一般采用智能柔性充电模式，可提高设备利用率、降低综合投资成本，适用于中、大型充电场站。比如，某品牌的群充充电桩（360 kW）可以最多为 6 辆电动汽车充电，集装箱式充电系统（600 kW）最多可以为 20 辆电动汽车充电。图 3-8 为某品牌的 600 kW 直流群充充电桩。

图 3-8 600 kW 直流群充充电桩

3.2 充电机原理

直流充电模块原理如图 3-9 所示，功率因数校正电路（Active Power Factor Correction，APFC）先把交流市电整流为直流电，再由直流变压器的 DC/AC 段把直流电逆变成脉动（冲）交流电（原理见图 3-10），再由变压器后端 AC/DC 整流为指定电压的直流电。

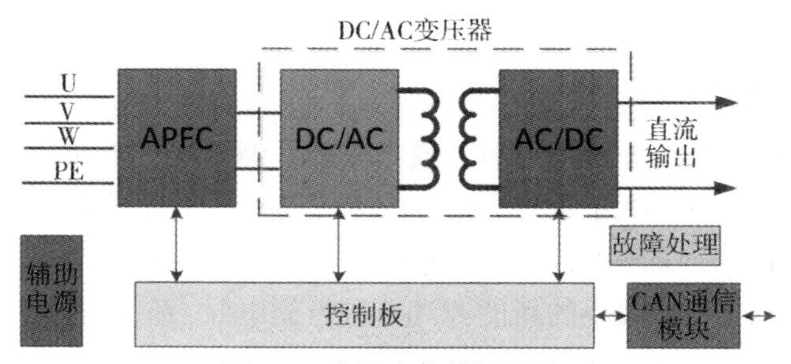

图 3-9 直流充电模块原理

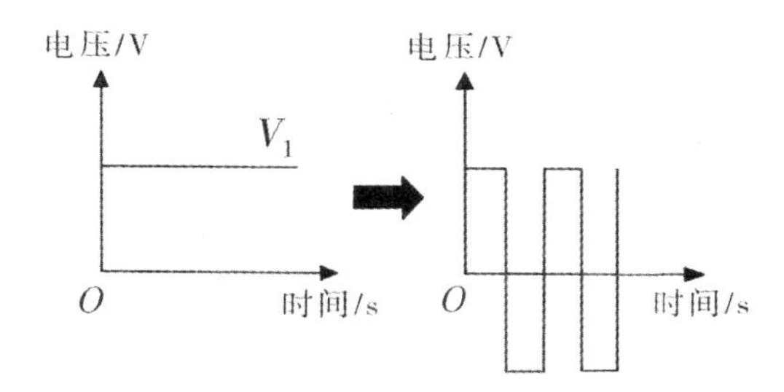

图 3-10　直流电逆变换成脉动（冲）交流电原理

3.2.1 Vienna 整流器

二极管和晶闸管整流器在电力电子行业中得到了广泛应用，但由于其功率因数低并向电网注入了很高的电流谐波，因此对电网污染十分严重。随着电网企业对用户用电设备中电流谐波含量的严格限制，国内外学者相继提出了许多电流畸变低和单位功率因数高的三相 PWM 整流器，其中包括 Vienna 整流器。

Vienna 整流器是由约翰·克拉尔（Johann Kolar）于 1997 年提出的一种两象限中点钳位式三电平 PWM 整流器拓扑，Vienna 整流器的拓扑结构如图 3-11 所示，它是由 3 个桥臂组成，其中每个桥臂包括 1 个可控功率开关器件（Insulated Gate Bipolar Transistor，IGBT）和 6 个功率二极管。

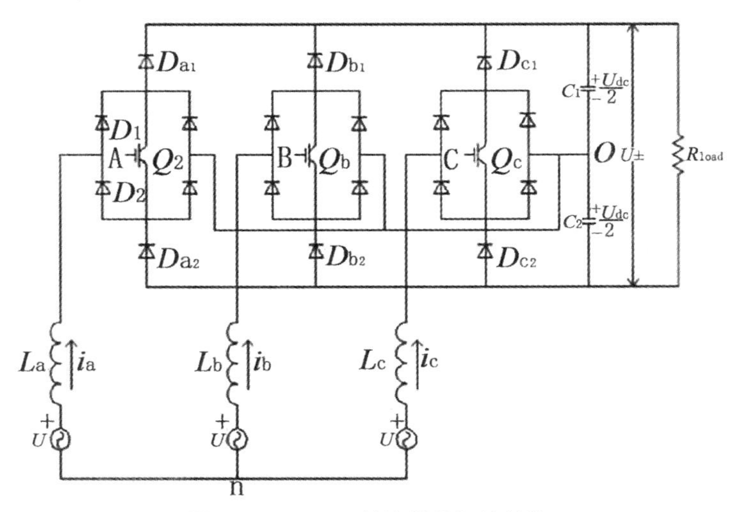

图 3-11　Vienna 整流器的拓扑结构

下述以 A 相桥臂为例来分析 Vienna 整流器的工作原理：当功率开关器件 Q_a 开通时，整流器的 A 相输入端电压被钳位于直流母线中点，此时输入端电压

U_a=0， 如图 3–12（a）（b）所示。当功率开关器件 Q_a 关断时，整流器的 A 相输入端电压为 $U_{dc}/2$ 或 $-U_{dc}/2$，此时 A 相输入端电压极性取决于 A 相输入电流极性。若 A 相输入电流极性为正，则 A 相输入端经 D_1、D_{a1} 后与直流母线正极相连，如图 3–12（c）所示，此时输入端电压 $U_A = U_{dc}/2$；若 A 相输入电流极性为负时，A 相输入端经 D_2、Da_2 后与直流母线负极相连，如图 3–12（d）所示，此时输入端电压 $U_A=-U_{dc}/2$ 。B、C 相桥臂的分析与 A 相相同。

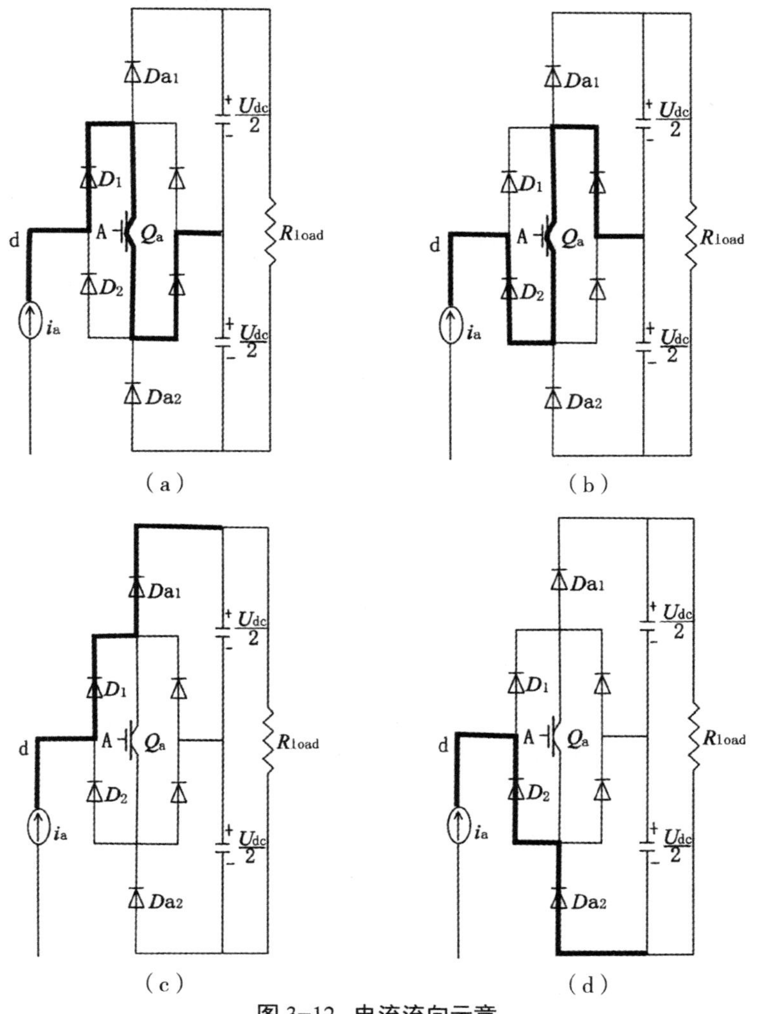

图 3–12　电流流向示意

按照图 3–12 的原理，用 MATLAB 软件构建 PFC 仿真电路（见图 3–13）以及矢量控制系统（见图 3–14）。

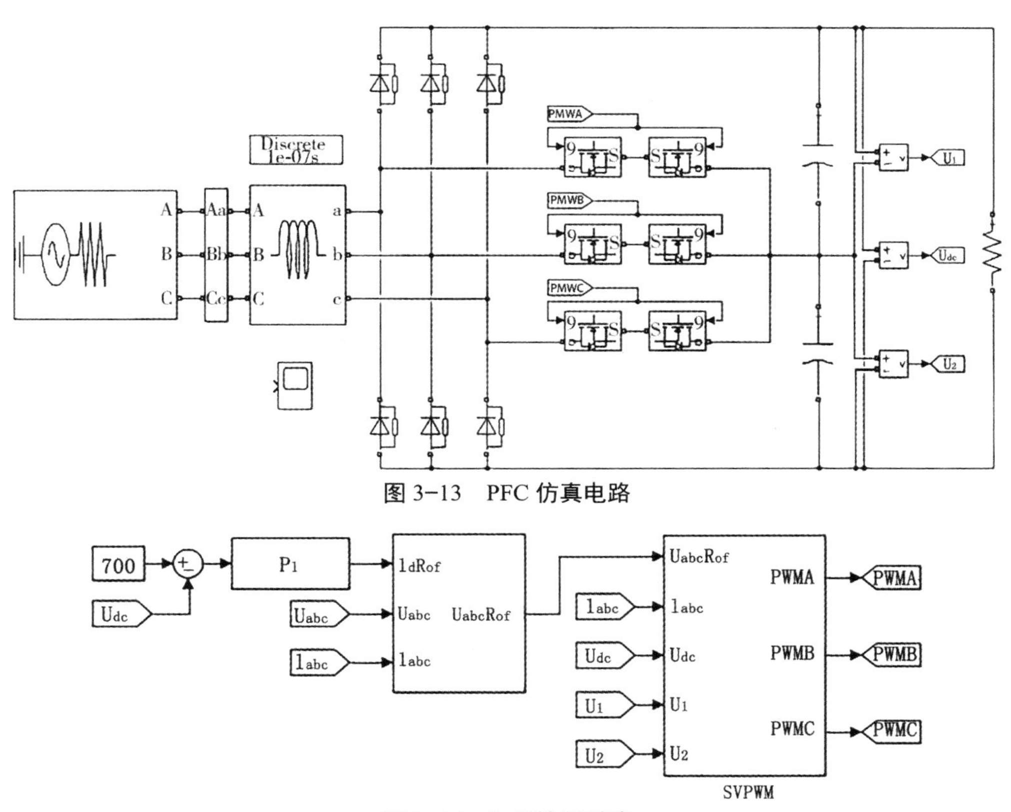

图 3-13　PFC 仿真电路

图 3-14　矢量控制系统

矢量控制系统采用电压外环、电流内环的双闭环控制策略。电压外环控制使直流母线电压保持基本稳定。预设直流母线电压为 700 V，模型输出的直流母线电压值也基本稳定在 700 V 左右，其直流母线电压波形如图 3-15 所示。

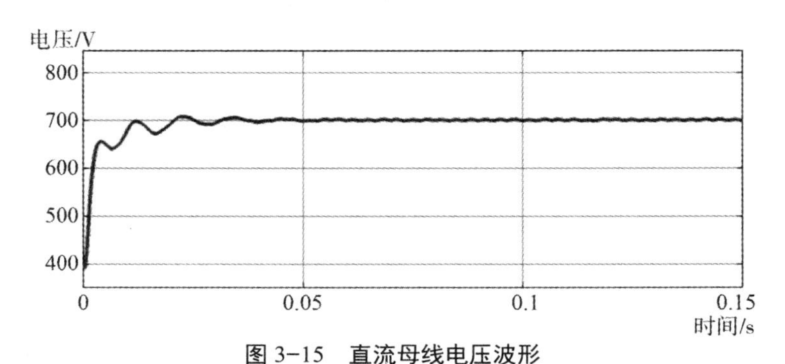

图 3-15　直流母线电压波形

图 3-16（a）中，网侧三相电压保持良好的正弦度，模型与实际的电流波形和电压波形基本一致，证明模型实现了单位功率因数控制。图 3-16（b）所示是笔者调整了模型参数，使电网侧的电流波形产生了畸变，以便让读者直观地理解什么叫电流畸变（所有的整流电路都会污染电网侧）。经过计算，电流总的谐波畸变率为 13.47%，远大于国家标准 3%。

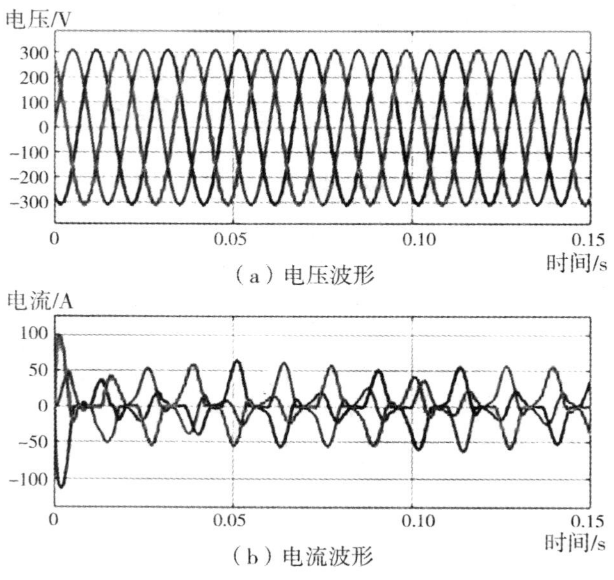

图 3-16　电网测电压与电流波形

3.2.2 直流变压电路

直流斩波电路是一种将电压恒定的直流电变成电压可调的直流电的一种电力电子变流设备，又叫直流斩波器或 DC/DC 变换器。光伏并网逆变器的最大功率点跟踪（Maximum Power Point Tracking，MPPT）电路就是这个原理。

用直流斩波器实现直流变换的基本原理是通过对电力电子开关器件的快速通、断控制，把恒定的直流电压或电流斩切成一系列的脉冲电压或电流，滤波后在负载上可以获得平均值与电源接近的电压或电流。再通过改变开关器件通、断的动作频率，或改变开关器件通、断的时间比例（占空比），改变这一脉冲序列的脉冲宽度，以实现输出电压、电流平均值的调节。

目前，基本斩波电路有降压斩波电路、升压斩波电路、升降压斩波电路、Cuk 斩波电路、Sepic 斩波电路和 Zeta 斩波电路等 6 种。其中，升降压斩波电路是最常用的斩波电路。

升降压斩波电路原理如图 3-17 所示，电路由直流电压源、电感、电容、金属氧化物半导体场效应晶体管（Metal-Oxide-Semiconductor Field-Effect Transistor，MOS 管）、二极管、电阻（负载）组成。基本原理：MOS 开关 V 处于通态时，电源 U 经 V 向电感 L 供电使其储存能量。同时，电容 C 维持输出电压基本恒定并向负载 R 供电，电感电流增大。当 V 关断时，电感 L 中储存的能量向负载释放，负载电压上负、下正，与电源电压极性相反，电感电流减小。

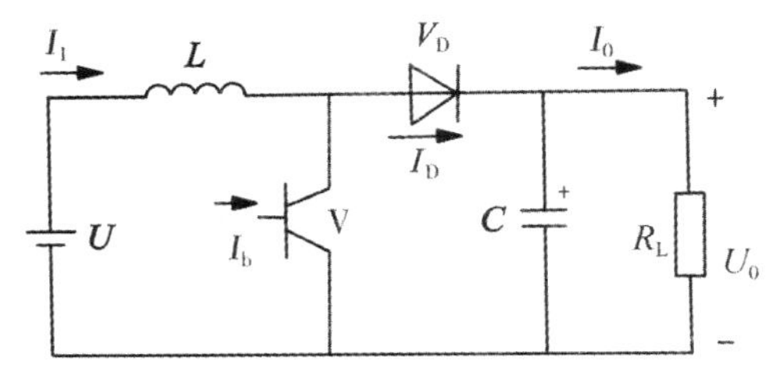

图 3-17 升降压斩波电路原理

用 MATLAB 仿真这个电路建立升降压斩波电路模型，如图 3-18 所示。该模型可以通过脉冲发生器调节占空比（升压或者降压）调节所需要的电压值。例如，设置直流波形的电压值为 500 V，占空比设置为 20%，则会得到 60 ~ 120 V 的电压，如图 3-19 所示。图 3-19（a）为脉动交流电，图 3-19（b）为斩波后直流电，电压为 60 ~ 120 V。

这里需要说明的是，很多厂家并不使用斩波电路作为 DC/DC 的调节，而是使用 1 个或 2 个 LLC 变换电路串联作为电压调节的电路。这里介绍斩波电路是为了让读者明白其基本原理。

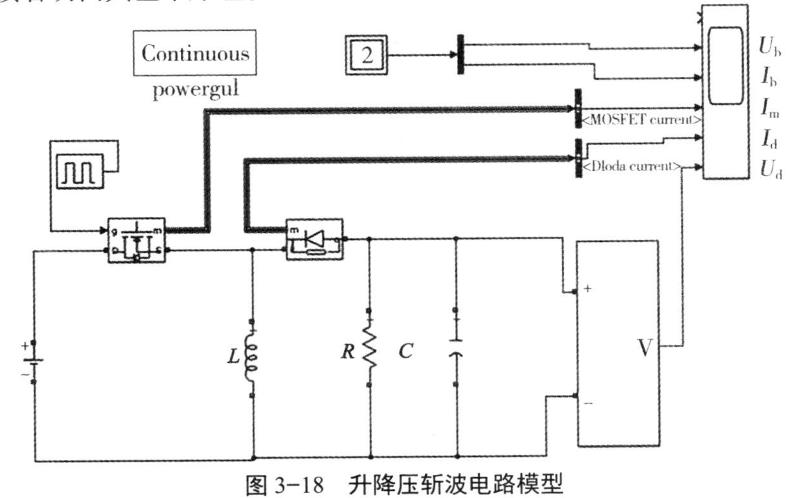

图 3-18 升降压斩波电路模型

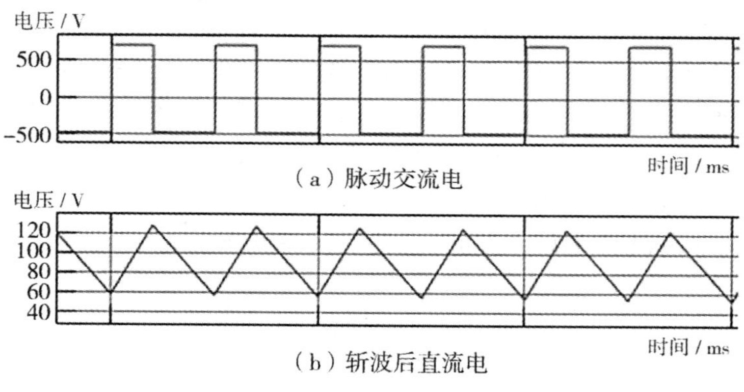

图 3-19　斩波电路波形

3.2.3　直流充电桩的技术要求

根据蓄电池组电压等级的范围，充电机输出电压分为 200 ～ 500 V、350 ～ 700 V、500 ～ 950 V 3 级。单个充电插头的输出直流额定电流宜采用 50 A、100 A、125 A、150 A、200 A、250 A。

在恒压状态下，输出电压误差不应超过 ±0.5%。在恒流状态下，输出直流电流设定在额定值的 20%～ 100%。在设定的输出直流电流大于或等于 30 A 时，输出电流整定误差不应超过 ±1%；在设定的输出直流电流小于 30 A 时，输出电流误差不应超过 ±0.3 A。

当交流电源电压在标称值 ±15% 范围变化、输出直流电流在额定值的 0 ～ 100% 范围内变化时，输出直流电压应在规定的相应调节范围内任一数值上保持稳定，充电机稳压精度不应超过 ±0.5%。

当交流电源电压在标称值的 ±15% 范围变化、输出直流电压在规定的相应调节范围变化时，输出直流电流应在额定值的 20%～ 100% 范围内任一数值上保持稳定，充电机稳流精度不应超过 ±1%。

当交流电源电压在标称值 ±15% 范围变化、输出直流电流在额定值的 0 ～ 100% 范围变化时，输出电压纹波在规定的相应调节范围任一数值上应保持稳定，输出纹波有效值系数不应超过 ±0.5%，纹波峰值系数不应超过 ±1%。

充电机在恒流状态下运行时，当输出直流电压超过限压整定值时，应能自动限制其输出电压的增加，转换为恒压充电运行。充电机在恒压状态下运行时，当输出直流电流超过限流整定值时，应能立即进入限流状态，并自动限制其输出电流的增加。

3.3 充电站配电规划设计

现阶段，城市的公用电动汽车充电站主要是在城区中结合市政公共停车场进行建设，多选择直埋敷设电缆的进线形式。

高速公路服务区或者景区停车场的电动汽车充电站，需要参考现场的实际情况，在周围10 kV公用架空线路接入，接入的方法就是架空线路和电缆线路相结合。

对于城市小区，特别是新建小区在土地出让时，有专门针对电动汽车车位规划的出让条件，很多地区在出让土地时要求充电桩车位需配建总车位的20%，居住建筑配建的机动车停车位应按100%预留配电线路通道和充电设备位置，并适当预留相关变配电设备设置条件。

新建项目充电站配电主要采用配电室或者台架式等布置方法，不过电网公司公用电动汽车充电站项目或社会充电站项目选择的都是预装式箱式变电站的形式。图3-8所示就是预装式充电桩。

根据《低压配电设计规范》，单台充电桩输入容量为

$$S=\frac{P}{\eta\cos\varphi} \tag{3-1}$$

式中：P ——单台充电桩的输出功率，单位为kW；

S ——单台充电桩的输入容量，单位为kV·A；

$\cos\varphi$——充电桩功率因数，可参照产品说明取值，一般取0.9～0.99；

η ——充电桩效率，可参照产品说明取值，一般取0.9～0.95。

充电桩输入总容量为

$$S_{总}=K(S_1+S_2+\cdots+S_n) \tag{3-2}$$

式中：$S_{总}$ ——充电桩的输入总容量，单位为kV·A；

S_1，S_2，…，S_n——各台充电桩的输入容量，单位为kV·A；

K ——充电桩同时工作系数。

充电桩同时工作系数K值的选取有待进一步探讨，主要受以下几种因素影响。

（1）电动汽车实际使用数量。各地电动汽车的占有量不尽相同。从当前实际情况来看，不同城市新能源车的占有量差别较大，北京、上海、广州、深圳等一线城市及东南沿海城市新能源车总体数量较多，而内陆及北方城市总量相对较少。

（2）电池状态及性能参数。每辆电动汽车充电时电池的状态有所不同，充电桩本身可以与车载电池的BMS系统通信，将根据所接入的电池状态调整输出电流。即使同时接入充电的总数量相同，不同时间段充电桩的总输出功率也不尽

相同，所以应当综合以上因素并结合实际项目情况合理为 K 取值。

为了充分有效利用变压器，很多项目采用群体充电设施，即充电桩具有负荷调度功能，通过充电桩管理云平台对项目所有充电桩进行统一调度，实时读取每台充电桩的运行状态，可对已接入的充电桩的电动车进行排序充电，即根据用户接入时间顺序排序充电。平台还可根据同时接入充电桩的用户数量控制每台充电桩的输出功率以实现负荷调度功能。

例如，某大型停车场规划了现场共计 100 个车位，120 kW 直流双充 16 台，120 kW 直流四充 4 台，60 kW 直流双充 20 台，共计 40 台充电机，一座配电房和其他相关辅助设施。按照式（3–1）和式（3–2）进行计算，$\cos\varphi$ 取 0.99，η 取 0.95。

由式（3–1）和式（3–2）计算可得快速充电机最大输入容量为

$$S=3\,600/0.99/0.95\ \text{kV}\cdot\text{A}=3\,828\ \text{kV}\cdot\text{A}$$

快速充电机的同时工作系数 K 为 0.9，则充电设备所需的配电总容量为

$$3\,828\ \text{kV}\cdot\text{A}\times0.9=3\,444\ \text{kV}\cdot\text{A}$$

考虑到站内负荷和的冗余为 1.1，总配电容量为 3 788 kV · A，选用 1 台 4 000 kV · A 的变压器。充电系统如图 3–20 所示。

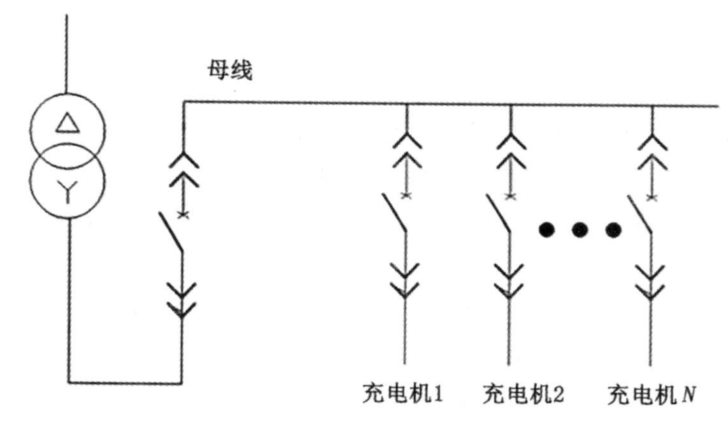

图 3–20　充电系统

由于所有充电机均采用了有源功率因数校正技术（Active Power Factor Correction，APFC），交流输入功率因数大于 0.99，电流谐波 THD 小于 5%，无功补偿装置按变压器容量 15%选取 2 台自动无功补偿装置。交流配线与断路器选择：每台 120 kW 直流充电机交流电缆三相五线制（3 × 70+2 × 35）1 根，共计 20 根；每台 60 kW 直流充电机交流电缆三相五线制（3 × 35+2 × 16）1 根，共计 20 根；120 kW 直流充电机配置空气开关 3P200A，60 kW 直流充电机配置空气开

关 3P160A。

3.4 充电桩市场与运营模式

我国新能源汽车增长动力强劲，根据国泰君安证券的数据，从 2013 年以来一直保持销量高速增长，2021 年新能源汽车销售量为 352.1 万辆，同比增长 157.5％，2023 年预计突破 1 400 万辆。根据公安部提供的数据：截至 2021 年底，全国新能源汽车保有量达 863.8 万辆，占汽车总量的 2.60％，与上年相比增长 59.25％。其中，纯电动汽车保有量 640 万辆，占新能源汽车总量的 81.63％。2014—2021 年我国新能源汽车保有量的增长趋势如图 3-21 所示。

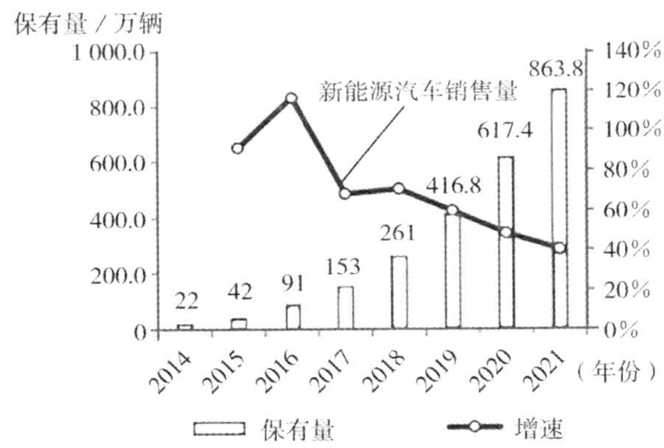

图 3-21　2014—2021 年我国新能源汽车保有量

（资料来源：根据招商银行研究院数据整理。）

据中国电动汽车充电基础设施促进联盟（EVCIPA）发布的数据，截至 2021 年底，全国充电桩保有量达 261.7 万台，与 2020 年相比，新增 94 万台，同比增长了 56％。2017—2021 年全国充电桩保有量从 44.6 万台增长到 261.7 万台，5 年复合增长率达 56％。

从公共充电桩来看，截至 2021 年底，全国合计公共充电桩达 114.7 万台，与 2020 年相比，新增 34 万台，同比增长了 42％。从私人充电桩来看，截至 2021 年底，私人充电桩达 147 万台，与 2020 年相比，新增 60 万台，同比增长了 68％。2017—2021 年，中国公共充电桩保有量从 21.39 万台增长到 114.7 万台，年均复合增长率为 52％，私人充电柱保有量从 23.18 万台增长到 147.01 万台，年均复合增长率为 59％。

根据联合证券数据，全国公共桩充电总量从 2018 年 5 月的 1.6 亿 kW · h 增长到 2019 年 5 月的 3.59 亿 kW · h，同比增长 123%。单个公共桩平均充电量从 2018 年 5 月的 604.6 kW · h 提升至 2019 年 5 月的 895.3 kW · h，同比增长 48.1%。预计充电量增速维持在 151%左右，2020 年全年总充电量约为 151 亿 kW · h。充电服务费上限均值约 0.8 元 /（kW · h），实际充电费均值约 0.6 元 /（kW · h），即充电服务费市场预计在百亿元规模。

充电桩运营的主要盈利来源有三部分：充电服务费、电力差价、增值服务。收取充电服务费，是目前大部分运营商可期的最基本盈利方式。尽管各地政府相继出台了服务费的标准上限，但是从新能源汽车用户的角度来看，充电服务费在一定程度上增加了用户的使用成本，削减了电动汽车使用的经济性。因此，收取充电服务费的模式未来存在不确定性甚至有被淘汰的风险。

目前，充电桩的投资回收期较长，按照充电服务费 0.5 元 /（kW · h）计算，要 9 ～ 10 年才能收回成本。根据天风证券发布的一个模型数据，充电桩原始数据模型见表 3–3。

表 3–3　充电桩原始数据模型

充电桩类型	功率 /kW	数量 / 台	年工作时长 / h	年充电量 /（kW · h）
直流	60	4 600	8 760	24.18
交流	7	18 400	8 760	11.28
合计				35.46

该模型显示，充电桩利用率与静态回收周期成正比，交流充电桩利用率 6%，静态投资回报期为平均 9.57 a（年）；直流充电桩利用率接近为 10%，可得静态投资回报期为平均 5.74 a，详见表 3–4 。现在来看，充电桩的盈利不高，且投资回收期较长。

表 3–4　投资回收期分析

项目静态投资回报期 /a		服务费 /[元 /（kW · h）]				
		0.4	0.45	0.5	0.55	0.6
充电桩利用率 /%	6.00	12.57	10.87	9.57	8.56	7.73
	7.00	10.77	9.32	8.21	7.33	6.63
	8.00	9.43	8.15	7.18	6.42	5.80
	9.00	8.38	7.25	6.38	5.70	5.16
	10.00	7.54	6.52	5.74	5.13	4.64

当前，充电运营行业主要有5种运营模式 。

（1）运营商主导模式：国内充电设施运营最早期也是最主流的运营模式，其代表是国家电网，国家电网自己投资、自己运营。这种模式无法复制。

（2）车企主导模式：一些大型整车厂为推广自身产品，主动布局建设充电基础设施。以特斯拉公司为例，特斯拉自成立之初就在美国主要干道上的餐厅、商店、旅游景点、咖啡店、休息站、加油站周边等进行布局，建设面向自身产品用户的超级充电站。在中国，特斯拉公司与电网公司合作，提供为用户建设私人充电端口的服务。这种模式对整车厂的资金量要求较高，但是这种模式有利于形成用户口碑，进而扩大市场份额。

（3）车、桩合作模式：电动车厂家和充电桩厂家合作的模式，最典型的例子是比亚迪和万帮合作为太原将8 000辆出租车一次性更新为电动汽车提供保障；充电桩运营商龙头特来电与北汽合作成立了北汽特来电公司。

（4）众筹模式：整合企业、社会、政府等多方力量，进行充电桩的建设和运营。例如星星充电，是万帮与北汽集团共同投资的新能源充电桩智能运营平台。该公司动员社会力量“众筹”建桩，已经在全国25个城市建成3万余台充电桩。在运营方面，该公司整合中、小充电桩运营群体，并为其提供统一的支付、交易管理、运营维护的互联网平台。

（5）“共享”模式：通过联合政府、车企、分时租赁运营商、网约车平台等社会各界资源和资金，通过共建的方式快速在全国各地铺设充电桩网络。目前，特锐德旗下的特来电建立了世界上最大的充电大数据运营平台，根据财报该平台已于2019年开始盈利。

3.5 未来充电桩的发展趋势

在当前电力系统智能化发展前景下，电动汽车并网技术（Vehicle to Grid，V2G）是最受欢迎的一项新技术，不仅可以实现双向能量流动，还可以实现电网的动态平衡。V2G是在1995年由莱腾德（Amory Letendre）首次提出的，后来美国的开普敦（Willett Kempton）在此基础上进行了进一步研究和总结。V2G技术集成了电池管理、通信等一系列技术，如调度和需求侧管理，通常用于控制电动汽车的充电和放电。配备有V2G技术的电动车辆可以用作能量存储电源，以向电力系统或分布式能量存储装置的可控负载供电。通过自动控制技术根据动作指令实现对电力系统负载的有效调节，达到与电网友好交互的目的[①]。

V2G 的结构如图 3-22 所示，在不久的将来电动汽车（Electric Vehicle，EV）普及到相当程度后，可以被看成一组组会移动的储能电池。人们使用 EV 的时间主要在两个时间段：上午 8: 00 ～ 10: 00，这个时间段大家开车去上班，然后充电待机；下午 5: 00 ～ 7: 00 开车回家充电待机。如果上下班路程均为 1 h，绝大部分的电动汽车每天有 20 ～ 22 h 是在线待机状态。

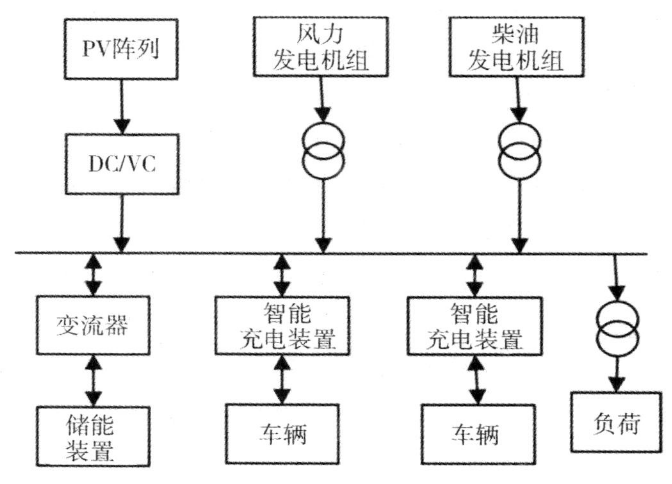

图 3-22 V2G 的结构

随着 EV 的普及，大规模 EV 不加管理地并入电网，尤其是在某一个固定时间段同时充电，会加大负荷峰谷差，加重配电网的供电负担。此外，EV 充电使用的电力电子设备将产生谐波，污染电网电能。只有合理地控制充、放电，才能有效抑制消除其对电网的不利影响，促进电网安全稳定运行。

2009 年，美国政府拨款 3 000 万美元（约合 2.05 亿元人民币）资助福特与公用事业部门合作，推动电动汽车与电网整合示范项目。2016 年，德国政府投入 10 亿欧元（约合 75 亿元人民币）的补助资金支持电力公司和汽车企业研发 V2G 技术，发挥电动汽车作为储能单元的功能。2010 年，日本发布《日本新一代汽车战略》，提出将汽车的定位由单一车辆延伸至网络化系统，强调开发和推

① 周萌，吴思聪 . 基于 V2G 技术的微电网调频控制策略研究［J］. 东北电力技术，2019，40（9）：24.

广可双向输电的 V2G 技术；同年，以 5 000 家用户为对象，日本启动了智能仪表使用方面的试验。2016 年，日本颁布《纯电动汽车与插电式混合动力汽车路线图》，提出建立全国范围内电动汽车商业化 V2G 应用体系①。

国内宏观上针对性、系统性的车辆和电网互动战略及顶层设计尚未出台，但是相关企业已经开始积极布局，如特来电的智能充电监控系统，可以看成未来对 V2G 的布局。图 3–23 为特来电智能充电监控系统界面。

我们已经做到	亿 万 3 998 995 095 总充电量	万 260 531 总终端数	333 覆盖城市	万 4 087 862 碳减排（吨）	亿 万 1 777 331 154 节油量（升）

图 3–23　特来电智能充电监控系统

从技术角度来讲，实现 V2G 的硬件技术并不复杂，而且很成熟。目前，充电桩是 G2V 的模式，即电网给汽车充电。V2G 的双向技术，在光伏储能领域，早已实现并成熟应用多年，绝大部分逆变器厂家都能生产双向变化逆变器，而且功率覆盖很全面，从主流的 7 kW“慢充”到 600 kW“快充”全部覆盖，只要稍加改动就可变成 V2G。本节用 MATLAB 再搭建一个 V2G 的模型并输出波形，供大家参考。

基于 LLC 原理搭建的 V2G 模型如图 3–24 所示，有别于图 3–18 所示的简单斩波电路，LLC 变换器原边 MOS 开通时，输出二极管关断，没有反向恢复问题，开关损耗小。适用于高频化、高功率密度设计。其缺点是 LLC 变换器不适用于宽输入电压范围，往往应用于前级带 PFC 的场合。

V2G 的矢量控制模块如图 3–25 所示，V2G 的功能实现模块如图 3–26 所示。其中，功能实现模块中有功能选择开关。当开关在模拟放电功能时，波形如图 3–27 ～图 3–29 所示，分别为直流母线电压波形、交流母线电压波形、变压器 T_1 波形对比，其中，图 3–29（a）为一次侧，　图 3–29（b）为二次侧（参阅图 3–24 中间 T_1）。

① 赵世佳，刘宗巍，郝瀚，等 . 中国 V2G 关键技术及其发展对策研究［J］. 汽车技术，2018（9）：3.

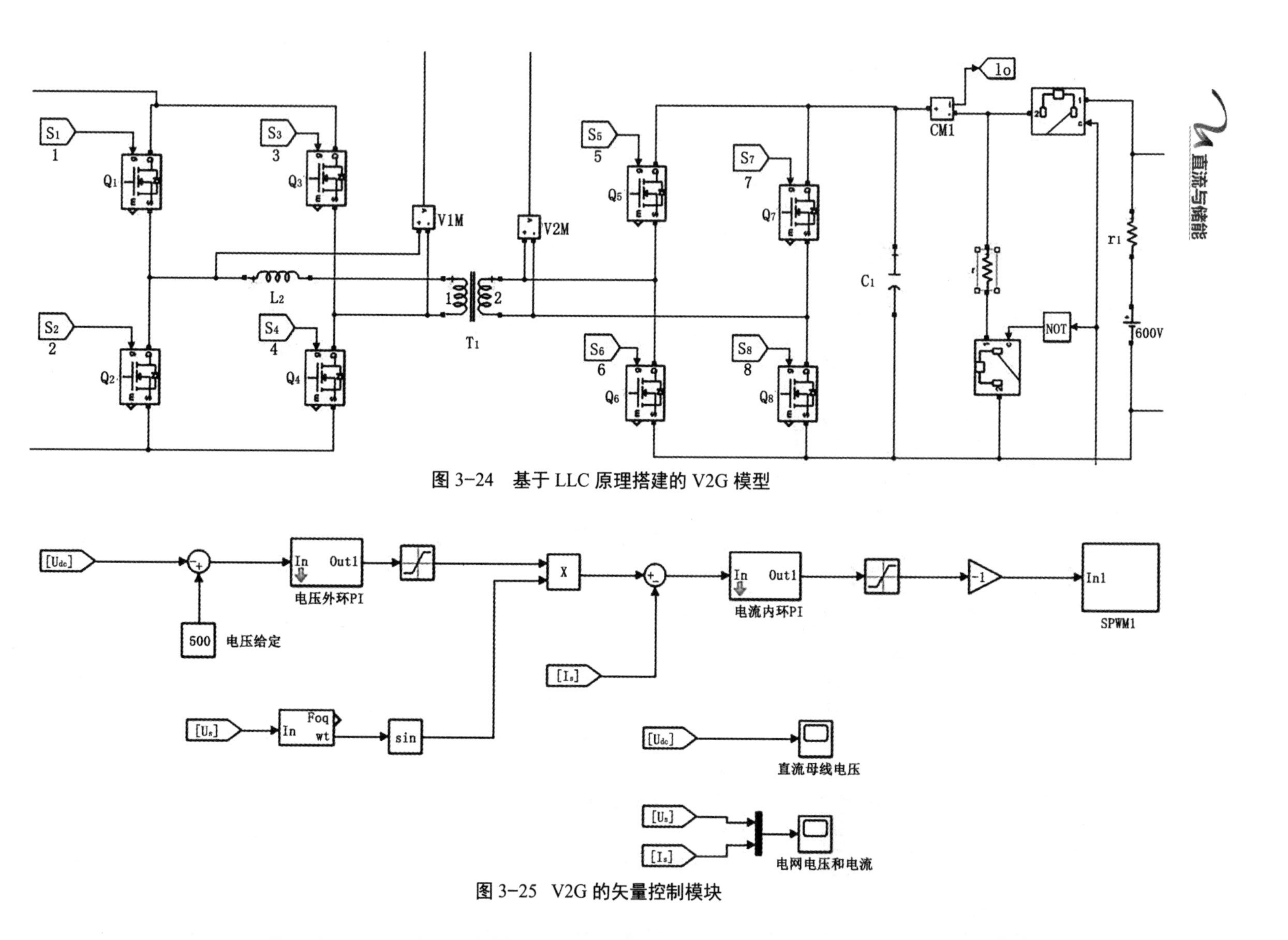

图 3-24 基于 LLC 原理搭建的 V2G 模型

图 3-25 V2G 的矢量控制模块

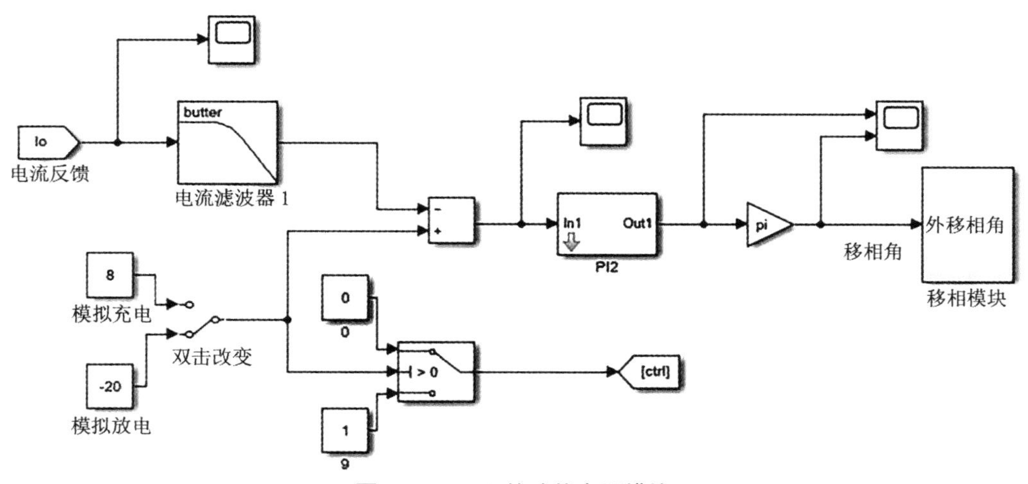

图 3-26 V2G 的功能实现模块

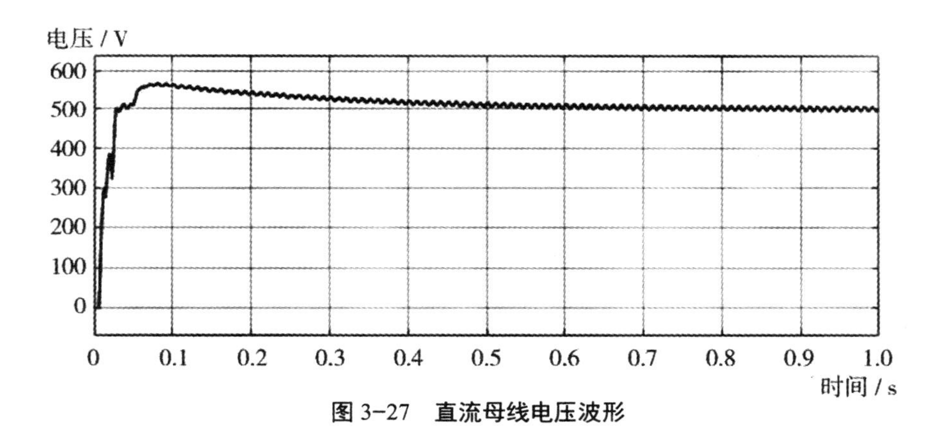

图 3-27 直流母线电压波形

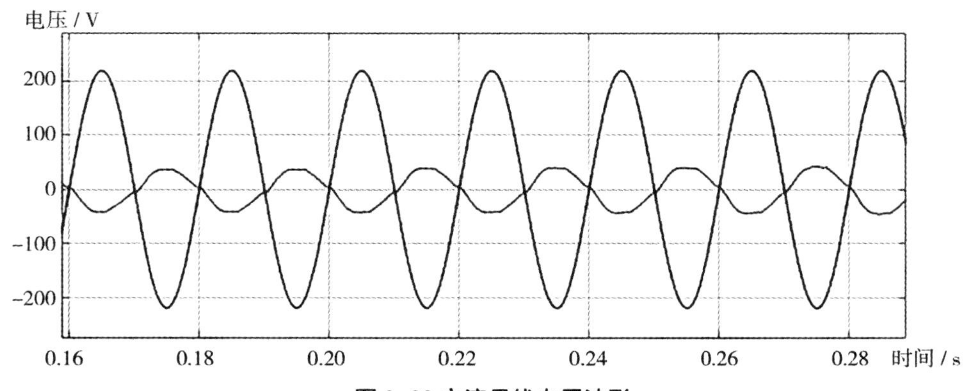

图 3-28 交流母线电压波形

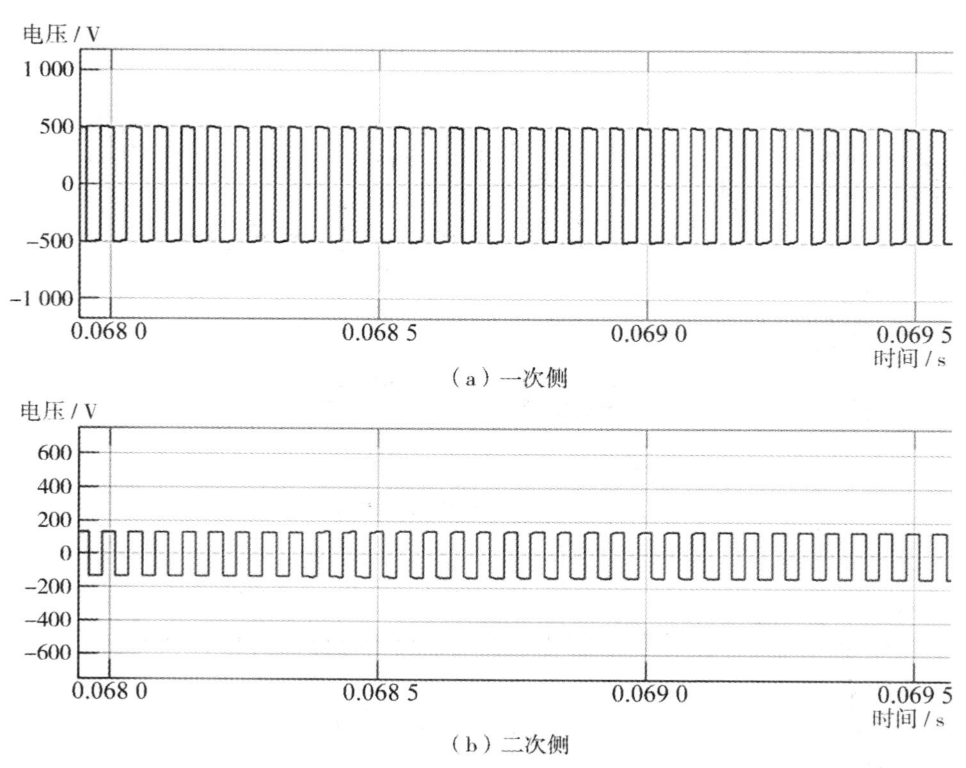

（a）一次侧

（b）二次侧

图 3–29　变压器 T_1 波形对比

由图 3–28 可以看到，使用 PFC+LLC 拓扑的 V2G 并网电流波形相对较好，波形失真度（电流畸变）较低。当开关在模拟充电功能时，波形如图 3–30 ～图 3–32 所示，分别为直流母线电压波形、交流母线电压波形、变压器 T_1 波形对比，其中，图 3–32（a）为一次侧，图 3–32（b）为二次侧（参阅图 3–24 中间 T_1）。

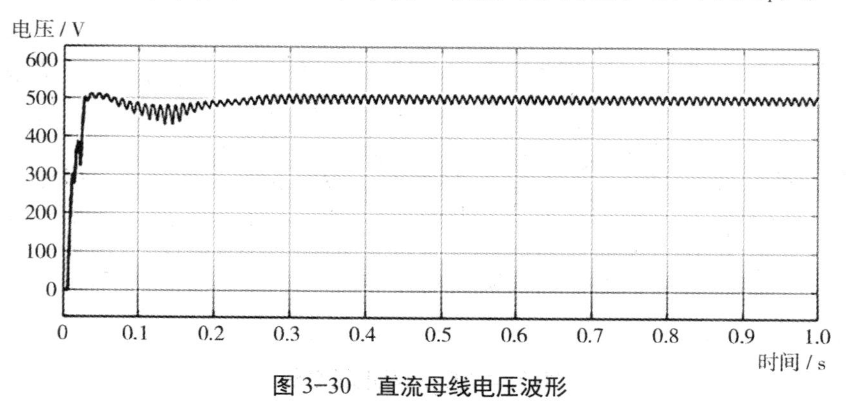

图 3–30　直流母线电压波形

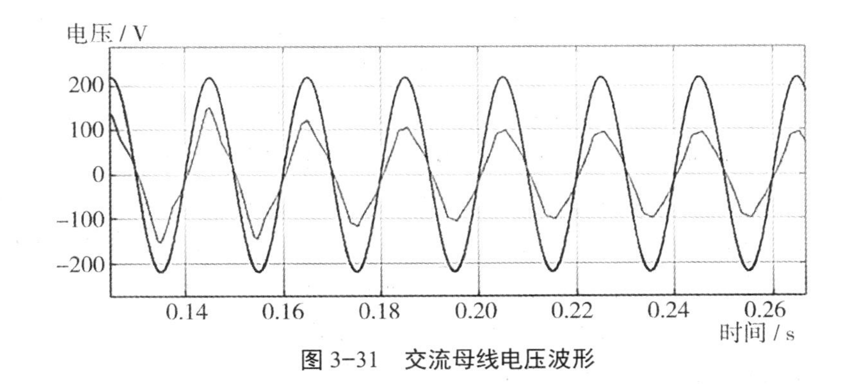

图 3–31　交流母线电压波形

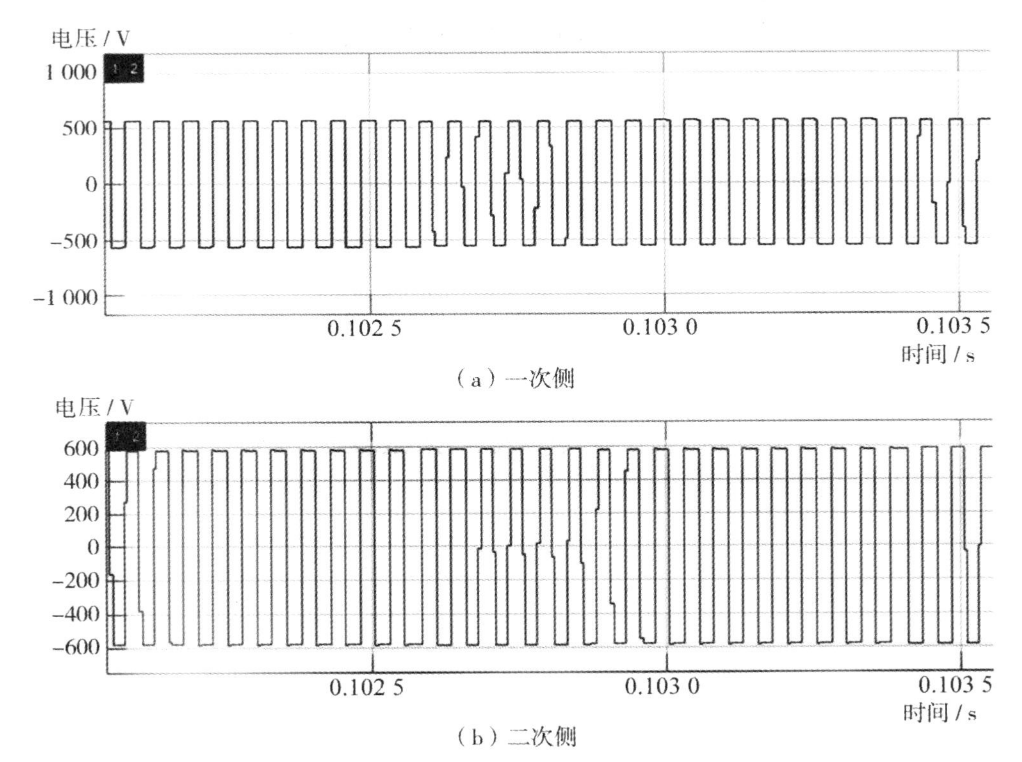

图 3–32　变压器 T_1 波形对比

由图 3–31 可以看到，当 V2G 工作在充电状态时，电网的电流波形相对较差，波形失真度较高，圆滑的正弦半波几乎变为三角形，说明电流畸变很高。

在未来，大量的电动汽车会参与到电网的调峰、调频、电压控制中来。所谓调峰，即在电网负荷低谷时，电网给 EV 充电，以存储能量；在电网负荷峰值时，EV用所存储的能量回馈给电网，以平缓电网的负荷曲线。欧美国家通常根据负荷情况调整电价，以作为激励机制促使用户调整自己的用电需求，诸如分时电价（time-of-use tariff，电价预先设定，如每半年设定一次）、阶梯电价（step tariff）以及实时电价（real-time price）等。这对于电网来说，既可以移峰填谷，也可以提供电压支持（高负荷时放电抑制电压下降）；对于用户来说，购买低电价的电量可以节省花费，向电网供电还可以获得电价补偿。调频是一种辅助机制，旨在短时间内微调电网的频率，比如，以分钟级调整。通常此应用方向需要研究内容包括能量成本最小化问题、定价策略、充电调度、调频以及调峰。

未来大规模V2G的实现、调峰和调频的应用，完全基于数据的统一采集和整合。BMS的通信标准的统一，对V2G技术的研究具有非常重要的意义。

第4章 储能系统

储能系统可以作为独立的系统接入电网。储能系统可以与风、光等新能源一起组成风、光储系统，风、光储系统能平滑发电侧的并网功率；也可以与风力发电、光伏发电等新能源发电系统一起建在负荷中心组成微网系统，提高能源利用效率，提升电能质量，提高供电可靠性，体现绿色环保；还可以组成独立的能源系统，解决无电地区的用电问题。

4.1 离网储能系统

各种储能系统结构（微电网）都是含有分布式发电装置、储能装置和用电负荷，并具有一定自我调节和控制能力的小型配电网。它可以不连接电网孤网运行，也可以并网运行，还可以在大电网故障时解列后孤岛运行。离网储能系统，就是一种孤岛运行系统。目前，离网储能系统最主要的应用包括路灯领域、通信行业和边远地区用电等。

4.1.1 离网储能系统在路灯领域的应用

1. 太阳能（风光互补）路灯系统

太阳能（风光互补）路灯是一种利用太阳能和风能作为能源的路灯，灯杆与太阳能组件一体化设计，灯杆内部集成智能化充放电控制器以及微电脑光、时控制技术。太阳能路灯产品采用高效节能的 LED 照明，具有光源亮度高、安装简便、工作稳定可靠、不敷设电缆、使用寿命长等优点。风光互补路灯实景如图 4–1 所示。

图 4–1　风光互补路灯实景

太阳能以及风能来自自然，所以凡是有日照、有风的地方都可以使用，适合于绿地景观灯光配备，高档住宅及室外照明，旅游景点海岸景观照明及点缀，工业开发区、工矿企业路灯，各大院校室外灯光照明等。

太阳能（风光互补）路灯安装过程中不用设线路，与传统路灯一样只需浇筑一个水泥基座，并用螺栓将灯杆固定在基座上即可。市电路灯施工中需要有复杂的作业程序，首先要设电缆、挖沟布管、管内穿线、回填等土建施工，消耗大量的人力、物力。

市电路灯安全隐患大，线路老化不易被发现，大雨过后路灯电线老化电死路人的事故时有发生。太阳能（风光互补）路灯采用的是 24 V/48 V 低压，电压稳定不存在安全隐患。

从光源寿命上来看：普通路灯使用低压钠灯的平均寿命为 18 000 h；低压高效三基色节能灯的平均寿命为 6 000 h；太阳能（风光互补）路灯采用的 LED 光源的平均寿命大于 50 000 h。

2. 太阳能（风光互补）路灯的组成

太阳能（风光互补）路灯主要由太阳能电池组件、小型风力发电机、蓄电池、灯杆、光源、充放电控制器等部件组成，工作原理如图 4–2 所示。白天路灯不工作，太阳能电池板和风力发电机给蓄电池充电，通过专用的控制器控制充电过程。蓄电池充满后，系统停止充电，保护蓄电池。晚上路灯工作，蓄电池通过控制器给 LED 灯具供电，至次日清晨，循环往复。遇到阴雨天太阳能电池不工作，可以靠风力发电机给蓄电池充电。无风又无太阳时，主要依靠蓄电池的后备电量给灯具供电。因此，系统的蓄电池不能设计得过小，一般设计有三个阴雨天的后备电量。

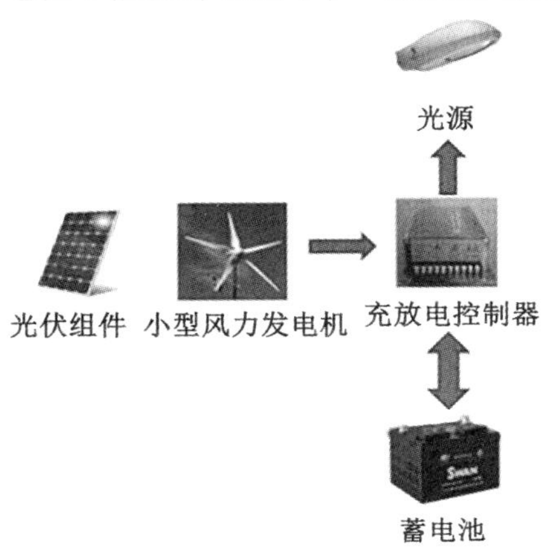

图 4–2　太阳能（风光互补）路灯工作原理

3. 风力发电机

太阳能（风光互补）路灯一般选用 300 ～ 400 W 风力发电机，风力发电机输出三相交流电，经过控制器给蓄电池充电。小型风力发电机分为两种。

（1）水平轴风力发电机。水平轴风力发电机的风轮围绕一个水平轴旋转，风轮轴与风向平行，风轮上的叶片是径向安装的，与旋转轴垂直，并与风轮的旋转平面成一角度（称为“安装角”）。风轮叶片数目大多为 3 片，它在高速运行时有较高的风能利用率，但启动时需要较高的风速。

（2）垂直轴风力发电机。垂直轴风力发电机的风轮围绕一个垂直轴旋转，风轮轴与风向垂直。其优点是可以接受来自任何方向的风，因而当风向改变时，无须对风。垂直轴风力发电机如图 4–3 所示。

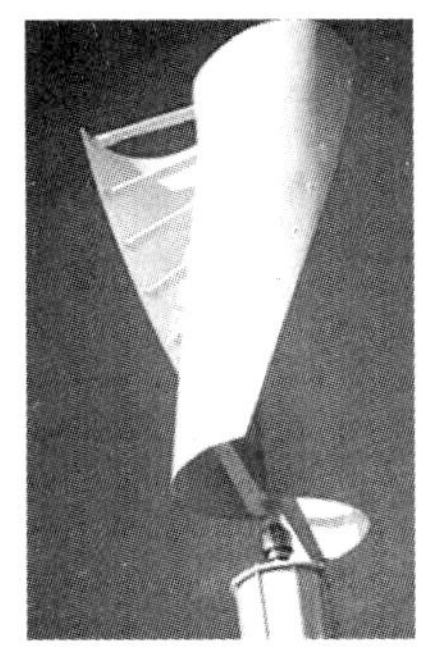

图 4–3　垂直轴风力发电机

风机的功率与风速的 3 次方成正比，风速越快，风机的功率就越大（见图 4-4），达到最大功率时风机的输出功率就不再增加。当台风天气时，风机会启动“刹车”系统进行自我保护。

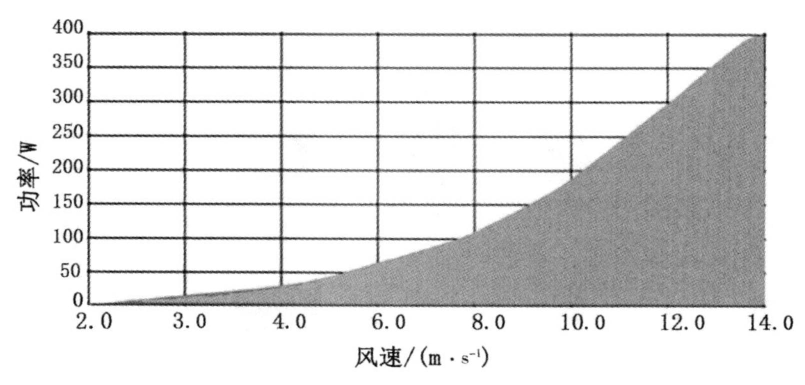

图 4-4　风机风速与功率曲线

当前，市场上使用的小型风力发电机主要是全永磁悬浮风力发电机。这种风力发电机是专门为低风速区应用而研发的，用全永磁悬浮推力轴承平衡由于风力作用在叶轮上引起的轴向压力增加而产生的轴向摩擦力，以减少传统风机因叶轮在超大风速作用下旋转时的轴向摩擦力，风力发电机转子系统在旋转时的径向摩擦力可减小 70%以上，起动风速为 1.5 m/s，明显优于普通风力发电机。

4. 充放电控制器

充放电控制器是用来控制太阳能电池组件给蓄电池充电，并为用电设备提供额定电压的装置。它对蓄电池的充放电条件加以控制，并按照用电设备的要求控制太阳能电池组件和蓄电池对负载的电能输出，是整个太阳能（风光互补）路灯系统的核心控制部分。

充放电控制器的原理是直流的升降压斩波电路。五六年前主流的控制器的工作方式采用普通的 PWM 控制方式，充电效率为 75%～80%，现在被最大功率点跟踪（Maximum Power Point Tracking，MPPT）技术所取代，使用 MPPT 技术充电效率可以达到 95%，而且能够更好地保护蓄电池。

MPPT 是光伏发电系统中的一项核心技术，它是指根据外界不同的环境温度、光照强度等特性来调节光伏阵列的输出功率，使得光伏阵列始终输出最大功率。图 4-5 中的 *A* 点就是最大功率点。

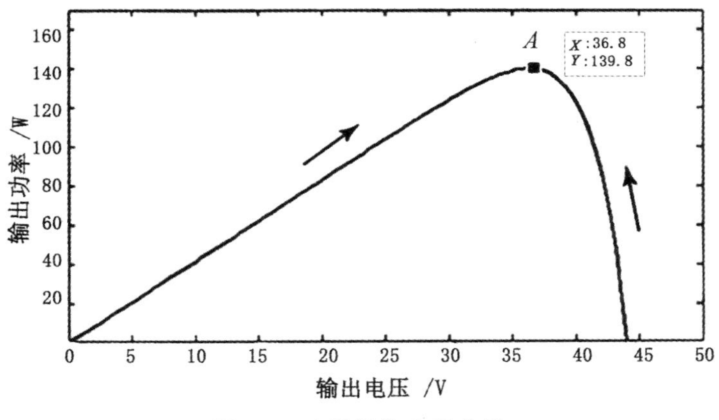

图 4-5 电池组件 *P-U* 曲线

光伏阵列在使用过程中易受周围环境（如浮云、建筑物、树木遮荫等）和电池板表面的灰尘的干扰，导致光伏阵列的输出功率减小，输出特性曲线变得复杂。

充电控制器的 MPPT 原理跟光伏逆变器用的原理稍有不同，由于成本和电路实现的难易程度不同等，大部分充电控制器使用了简单的恒定电压法（Constant Voltage Tracking，CVT）。CVT 的基本理论依据是不同日照条件下光伏电池的输出 *P-U* 曲线上最大功率点电压位置基本位于某个恒定电压附近。因此，CVT 的控制思路就是将太阳能电池输出电压控制在该电压处。这样一来，太阳能电池组件会一直工作在最大功率点处。CVT 跟踪方法不但可以得到比直接匹配更高的功率输出，在一定条件下，还可以用来简化 MPPT 控制。恒定电压法以其控制简单、易实现且系统不会出现振荡，具有良好的稳定性。

从严格意义上来讲，恒定电压法并不是一种真正意义上的 MPPT。但是此法可以比普通的控制器多获得 20%左右的电能。美中不足的是，这种跟踪方法忽略了温度对光伏电池阵列开路电压的影响，所以恒定电压法的精度并不太高，系统最大功率的跟踪精度完全取决于最大功率点的选择（见图 4-5 中的 *A* 点），一旦周围环境变化就无法实现准确的最大功率追踪。不过绝大部分路灯的安装环境都比较空旷，受到的影响比较小。

充放电控制器外观和接线如图 4-6 所示，从左向右分别接蓄电池的正负极、风力发电机的三相、太阳能电池组件正负极、直流负载的正负极（如果有两个负载，则这两个负载共用正极）。此外，控制器一般需要具备太阳能电池组件防反充、太阳防反接、蓄电池过充、蓄电池过放、蓄电池反接、负载短路、过载、防雷、风机限流、风机自动刹车和手动刹车等保护功能。随着物联网的发展，路灯也将进入智能互联时代。目前，市场上有远程通信功能的控制器，记录路灯运行的所有参数，并能远程开关。

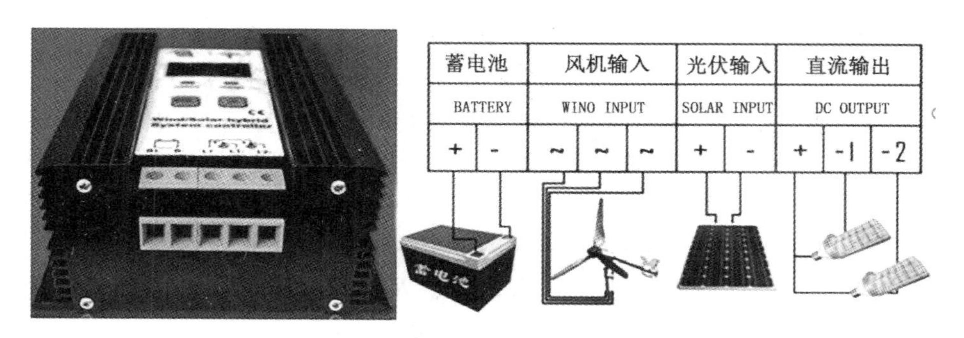

图 4-6　充放电控制器外观和接线

5. 太阳能（风光互补）路灯设计

路灯是提供照明的，特别是城市主干道、次干道对路面的照度都有详细要求。国家专门出台了《城市道路照明设计标准》，选择灯具时光源的照度不但要符合相关的国家标准，灯具的数量和外观也要满足业主功能及美观的需要。比如，公路照明灯杆的高度需要 10 ～ 12 m，一般道路照明满足 8 ～ 10 m，小区、庭院照明 4 ～ 6 m 即可。

例如，某开发区的一条道路路宽 35 m：机动车道 7.5 m × 2，绿化带 4 m × 2，非机动车道 3.5 m × 2，人行道 2.5 m × 2。道路断面如图 4-7 所示。

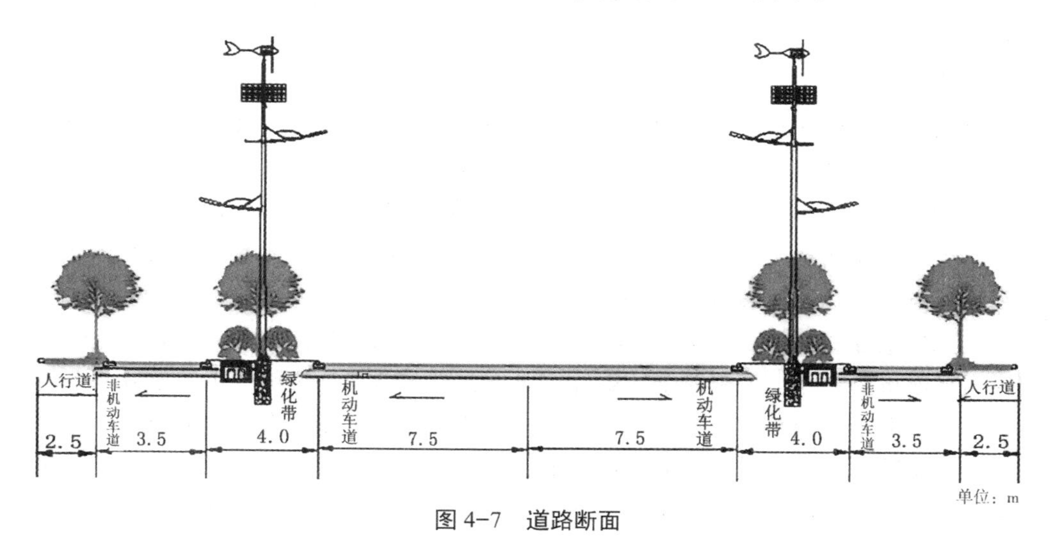

图 4-7　道路断面

（1）蓄电池容量计算。主光源为 60 W 大功率 LED 灯，副光源为 20 W 大功率 LED 灯，总功率为 80 W。

路灯每天亮灯 12 h，分为 3 个时段：第一时段 4 h，按 100%额定功率工作；第二时段 2 h，按 50%额定功率工作；第三时段 6 h，按 25%额定功率工作。各个时段由系统自动控制。实际每天耗电量为

$$80\ \mathrm{W}\times4\ \mathrm{h}+40\ \mathrm{W}\times2\ \mathrm{h}+20\ \mathrm{W}\times6\ \mathrm{h}=520\ \mathrm{W\cdot h}$$

考虑到各种线路损失，这里需要再除以一个系数 K_1，这里取值 0.8 ～ 0.9。总耗电为：520 W · h ÷ 0.9 ≈ 580 W · h。计算蓄电池容量首先要考虑连续阴雨天（N+1），这里 N 按照 3 天计算，则 580 W · h × 4 = 2 320 W · h。其次要考虑蓄电池的放电深度（铅酸蓄电池的电量不能 100%放光），这里取放电深度为 0.7，最终蓄电池电量为 2 320 W · h ÷ 0.7 ≈ 3 314 W · h。

参考相关产品的参数，风光互补路灯控制器的电压等级一般为 24 V 和 48 V，这里以 48 V 为例。蓄电池的容量计算为 3314 W · h ÷ 48 V ≈ 70 A · h，可以使用 4 节 12 V 70 A · h 的铅酸蓄电池进行串联后使用。由于 70 A · h 并不是市场主流的蓄电池型号，实际运用时可以权衡成本进行选择。现在网络上有很多辅助计算软件，用辅助软件计算上述案例，结果基本一致（见图 4–8）。

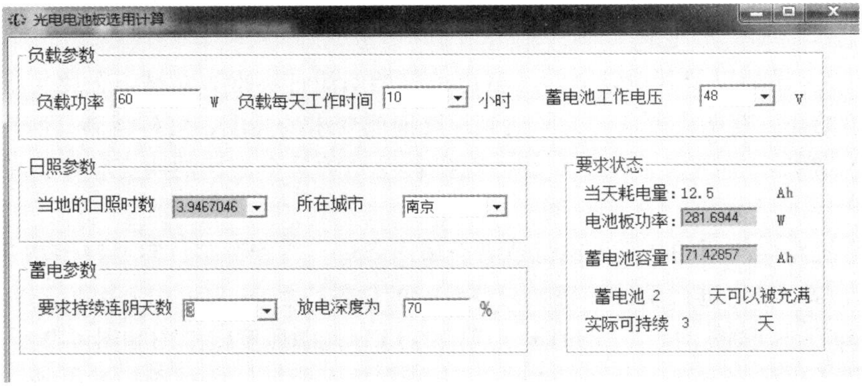

图 4–8　辅助软件计算

以上是使用铅酸胶体电池的计算过程。如果选用锂电池，电池组容量会小一些，锂电池的放电深度为 0.8，电池组的容量大约为 2 900 W · h。可以选择 48 V 60 A · h 型号的锂电池组，因为其恰好是通信电源的主流产品。需要说明的是，锂电池一般不用于路灯，因为大容量的锂电池需要复杂的 BMS 管理系统，对控制器要求很高，而且锂电池的成本很高并不经济。

（2）太阳能电池组件、风力发电机选择。蓄电池选择了 48 V 系统，太阳能电池组件必须选择 2 块组件串联。因为目前电池组件的工作电压无法达到 48 V，最优蓄电池的充电电压为蓄电池额定电压的 1.1 倍。

由于每天的总耗电为 580 W · h，按照该地区日均最大日照时间数 3 h 计算，200 W 的电池组件即可满足一天的用电量。而目前市场主流的多晶硅电池组件为 275 W，最大工作电压为 30 V。2 块 275 W 的电池组件足够一天的用量，连续阴雨天后很快就能将电池组充满。

关于风力发电机的选择并没有什么余地，市场上能采购的风机只有 300 W 和 400 W 两种，目前以 400 W 居多。而且城市的环境跟专业的风电场的环境不同，利用小时数不能进行有效计算，所以风力发电机只能起到辅助作用。

很多读者会问，用了 550 W 的太阳能电池组件和 400 W 的风力发电机，蓄电池很快被充满了怎么办，多余的电能又不能并网？其实，控制器有一个重要功能——卸荷。在太阳能电池组件和风力发电机发出的电能超过蓄电池的需要时，控制器会将多余的能量通过卸荷器释放掉。这里的卸荷器一般使用电阻，控制器采用脉宽调制（PWM）方式进行多级卸载，可以分多个阶段进行卸载：一边对蓄电池进行充电，一边把多余的能量卸除。例如，蓄电池需要 50 W · h，外界提供了 70 W · h，用卸荷器阻消耗掉 20 W · h。这与锂电池的“被动均衡”是一个原理。

（3）光源以及其他设计。《城市道路照明设计标准》对城市公路主干道和次干道的亮度有明确要求。为了达到道路照明要求的亮度，灯杆越高，所需要的 LED 光源的功率越大（亮度 L 是指观察者受到的某个表面的明亮程度，单位是 cd/m^2）。

传统路灯使用的是高压钠灯或者金属卤素灯。新能源路灯需要使用功率小的 LED 光源，如何进行设计和替换需要专业的软件。目前，使用较多的是 Photopia 和 LightTools 两种。使用 LightTools 模拟的 LED 光源照度模拟图如图 4–9 所示。

化学电池都很重而且价值较高，不便安装在明处。路灯用铅酸电池一般都在路灯基座旁边修筑一个电池坑。电池坑用混凝土修筑，上面加水泥盖板（见图 4–10）。将蓄电池装入专用电池箱，再埋入地下。

现在有一些小功率的景观灯、庭院灯也使用锂电池供电，这种灯的光源一般不超过 10 W，需要的电量很少。可以将一个充电宝大小的锂电池安装在灯杆上供电。锂电池共杆安装示意如图 4–11 所示。

在很多项目中，风光互补路灯都是象征性地做几盏，数量远不如太阳能路灯多；同时，太阳能路灯成本低、结构简单，系统电压多为 12 V 和 24 V，控制器只有一个烟盒或者手机那么大，安装接线也极为简单。

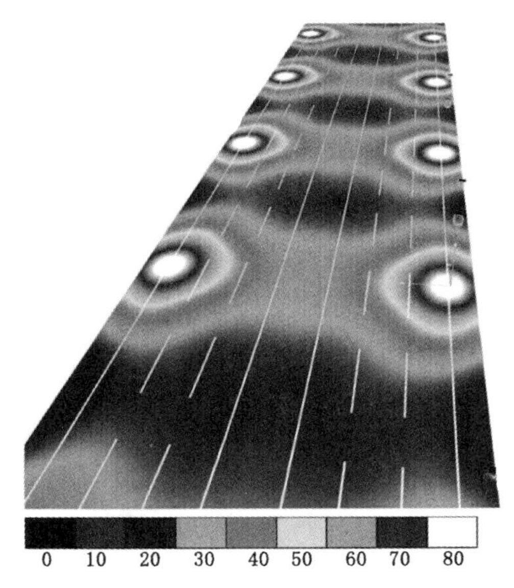

图 4-9　使用 LightTools 模拟的 LED 光源照度模拟图

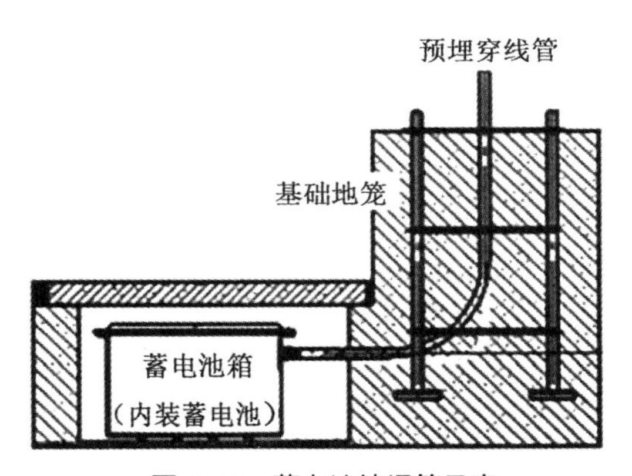

图 4-10　蓄电池地埋箱示意

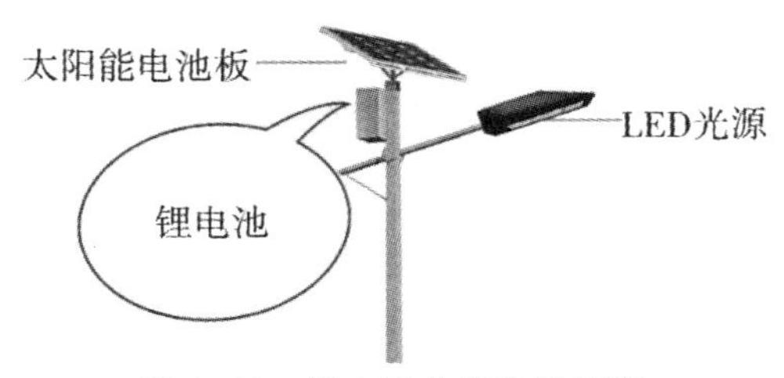

图 4-11　锂电池共杆安装示意

4.1.2 离网储能系统在通信行业的应用

离网储能系统在通信行业中有广泛的应用。在广袤的新疆、青藏地区，虽然人烟稀少但手机信号是满的，这有赖于三大电信运营商和铁塔公司的共同努力，它们在人烟稀少的草原、戈壁、大山深处都建有通信基站（见图 4–12）。这些基站怎么供电？拉电线过去显然是不可能的，因为很多基站离最近的牧民定居点都有数十千米。太阳能供电解决了这个问题。

图 4–12　太阳能通信基站

我国的移动通信事业和光伏产业基本上是同步发展的，自 1997 年开始，“中国光明工程”通过开发利用风能、太阳能等新能源，以新的发电方式为那些远离电网的无电地区提供能量，为改变当地贫困落后的面貌提供条件，运营商的基站设备基本上是固定的，太阳能通信基站系统图原理如图 4–13 所示。

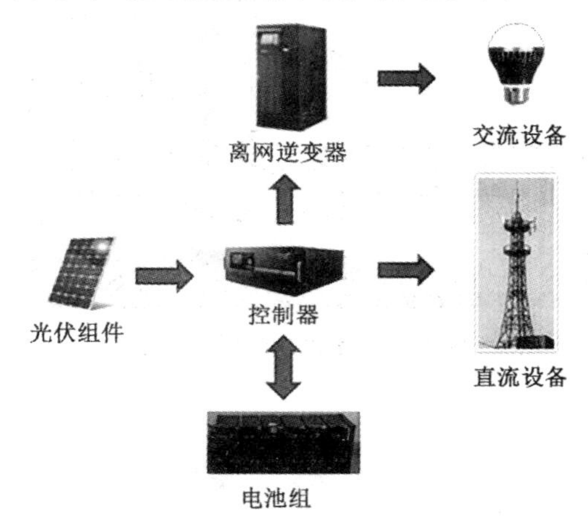

图 4–13　太阳能通信基站系统原理

某品牌的 48 V 控制器参数见表 4–1，按照电流大小分别有 6 种规格，可以分别接入 6 种不同数量的太阳能电池组。

表 4-1　某品牌的 48V 控制器参数

额定电压 /V	DC48					
额定电流 /A	30	60	100	120	150	200
光伏阵列路数 /N	1	2	3	4	5	6
每路光伏阵列最大电流 /A	35					
蓄电池欠压保护点 (可设置 V)	43.2					
蓄电池欠压恢复点 (可设置 V)	49					
蓄电池欠压保护点 (可设置 V)	58					
蓄电池欠压恢复点 (可设置 V)	56					
温度补偿系数 (可设置 mV/℃)	0~7					
使用环境温度 /℃	–30 ～ +55					
使用海拔高度 /m	≤ 5 000(超过 1 000 m 需降额使用)					
保护等级	IP20					
尺寸 (宽 × 高 × 深)	宽 440 mm × 高 170 mm × 深 500 mm					

60 片电池片封装的多晶硅组件工作电压为 28 ～ 30 V，2 块组件串联后电压为 56 ～ 60 V。实际工作电压更低一点，满足蓄电池的充电电压。串联后每一串的电流为 7 A。2 串并联后为 14 A，依此类推，48 V 逆电器接线方式如图 4-14 所示。

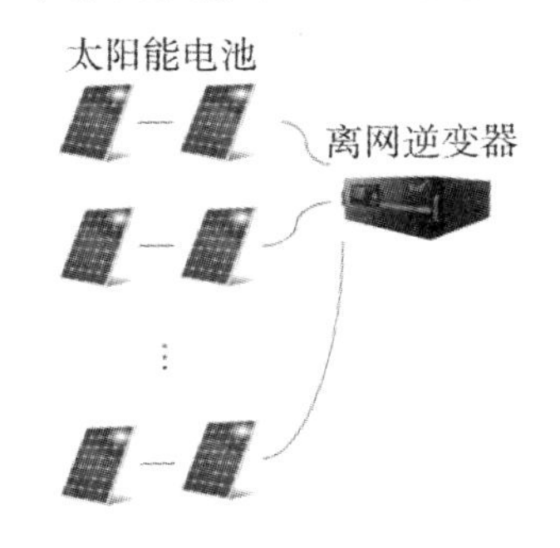

图 4-14　48 V 逆变器接线方式

1. 离网逆变器

离网逆变器和并网逆变器在主电路上是一模一样的，电容、IGBT 等关键元器件都相同。早期国内大型地面电站所用的 500 kW 及以上功率的并网逆变器都是西门子、艾默生、东芝、三菱等企业生产的。这些企业都有现成的 UPS 电源生产线，UPS 就是逆变器，就是离网逆变器。唯一的不同是控制方式，通俗地讲，就是控制 IGBT “如何开” “开多少” 的驱动程序不一样。

图 4-15 用 MATLAB 模块库中的三相逆变桥模块代表逆变器的主电路，主电路的输入口 g 代表逆变器 IGBT 模块的驱动程序写入口 (A、B、C 代表三相输出口，

左侧正负极代表直流输入、N 代表直流 0 电位）。标签 off 代表写入了离网逆变器的驱动程序，标签 grid 代表写入了并网逆变器的驱动程序。

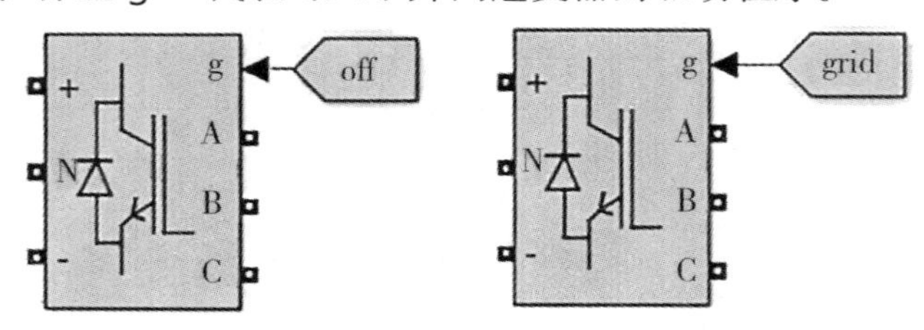

图 4-15　逆变器区别示意图

离网逆变器输出的是该型设备精度范围发生的 220/380 V 电压和 50 Hz 频率。无论负载端的功率如何变化，电压频率都不会发生变化。某品牌通信行业专用的逆变器参数见表 4-2。

表 4-2　某品牌通信行业专用的逆变器参数

<table>
<tr><th colspan="2">型号指标</th><th>DJN500-SPO-B</th><th>DJN1000-SPO-B</th><th>DJN1500-SPO-B</th><th>DJN2000-SPO-B</th><th>DJN3000-SPO-B</th><th>DJN5000-SPO-B</th></tr>
<tr><td rowspan="3">直流输入</td><td>额定直流输入电流 /A</td><td>8.5</td><td>17</td><td>25</td><td>34</td><td>50</td><td>80</td></tr>
<tr><td>直流电压 /Vdc</td><td colspan="6">48</td></tr>
<tr><td>直流电压范围 /Vdc</td><td colspan="6">40 ～ 57</td></tr>
<tr><td rowspan="11">交流输出</td><td>额定容量 /（V·A）</td><td>500</td><td>1 000</td><td>1 500</td><td>2 000</td><td>3 000</td><td>5 000</td></tr>
<tr><td>额定功率 /W</td><td>350</td><td>700</td><td>1 050</td><td>1 400</td><td>2 100</td><td>3 500</td></tr>
<tr><td>输出电压 /V</td><td colspan="6">220 ×（1 ± 3%）</td></tr>
<tr><td>波形失真度</td><td colspan="6">THD < 3%（线性负载）</td></tr>
<tr><td>额定输出频率 /Hz</td><td colspan="6">50 ×（1 ± 1%）</td></tr>
<tr><td>输出功率因数</td><td colspan="6">0.7</td></tr>
<tr><td>动态电压瞬变</td><td colspan="6">< 10%</td></tr>
<tr><td>过载能力</td><td colspan="6">105% ～ 125% 持续不小于 60 s，126% ～ 150% 负载持续不小于 1 s，恢复点为 90% 负载</td></tr>
<tr><td>输出电流峰值系数</td><td colspan="6">3 : 1</td></tr>
<tr><td>逆变效率 /%</td><td colspan="4">86</td><td colspan="2">90</td></tr>
<tr><td>工作温度 /℃</td><td colspan="6">-20 ～ +40℃</td></tr>
<tr><td rowspan="4">其他特性</td><td>防护等级</td><td colspan="6">IP20</td></tr>
<tr><td>海拔高度</td><td colspan="6">海拔高度 ≤ 1 500 m，满足 GB3859.2—93 降额要求</td></tr>
<tr><td>尺寸（宽 × 深 × 高）/mm</td><td colspan="2">440 × 286 × 43.5</td><td>440 × 360 × 43.5</td><td colspan="2">440 × 350 × 88</td><td>440 × 440 × 132</td></tr>
<tr><td>重量 /kg</td><td>5</td><td>5</td><td>6</td><td>9.5</td><td>9.5</td><td>13.5</td></tr>
</table>

并网逆变器输出的是“稍有变化”的220/380 V电压和50 Hz频率。由于并网逆变器连接的是电网，需要与电网电压和频率在“标准”内保持一致。比如，频率可以在49.5～50.2 Hz调整，电压跌落时会有短时间“低电压穿越”的要求，电压抬高时会有短时间“高压电穿越”的要求。

一般把几十W到2 kW以内称作小型离网发电系统，它的特点是以提供12V或24 V的直流电供用户使用为主；2～50 kW称作中型离网系统，它的特点是以提供单相220 V交流电供用户使用为主；50 kW以上一般称作大型离网系统，它的特点是以提供三相380 V交流电给用户使用为主。

2. 算例

一个标准的电信宏基站直流设备功率为3 kW，交流功率为2 kW。直流设备满功率平均运行8 h，交流功率满功率每天平均总计运行3 h，连续阴雨天为3 d。

每天耗电量为 3 kW×8 h+2 kW×3h=30 kW·h

（1）太阳能电池组件容量计算。

$$P=W\times\frac{F}{T_m\times N_1\times N_2\times N_3} \tag{4-1}$$

式中：W——负载的消耗功率；

F——蓄电池放电效率的修正系数，通常取1.05；

T_m——峰值日照时数，此处假设为4.5 h；

N_1——方阵表面由于尘污遮蔽或老化引起的修正系数，通常取0.95；

N_2——方阵组合损失和对最大功率点偏离以及控制器效率的修正系数，通常取0.9；

N_3——包括逆变器等交流回路的损失率，通常取0.7。

则有

$$5\ \text{kW}\times1.05\div4.5\times0.95\times0.95\times0.7\approx1.84\ \text{kW}$$

太阳能电池组件功率为1.84 kW，如果使用275 W组件需要7块。但是7块无法组成一个系统，这里需要根据情况取6块或8块。

（2）蓄电池容量计算。

$$C=D\times\frac{N_1\times P_0}{N_2\times N_3} \tag{4-2}$$

式中：C——蓄电池容量，单位为kW·h；

D——电池后备时间N+1；

N_1——蓄电池放电效率的修正系数，通常取1.05；

P_0——每天实际用电量，单位为kW·h；

N_2——蓄电池的维修保养率，通常取 0.9；

N_3——蓄电池的放电深度，通常取 0.7。则有

$$4\times1.05\times30\ \text{kW}\cdot\text{h}\div0.9\times0.7=200\ \text{kW}\cdot\text{h}$$

$$200\ \text{kW}\cdot\text{h}\div48\ \text{V}\approx4\ 100\ \text{A}\cdot\text{h}$$

4 000 A · h 这个型号不是市场的主流产品，需要用 1 000 A · h 或 2 000 A · h 的电池组合。以 2V 1 000 A · h 标准电池为例：24 节 2 V 1 000 A · h 电池串联，得到一组 48 V 1 000 A · h 的电池组；再把 4 组 48 V 1 000 A · h 的电池组并联，得到 48 V 4 000 A · h 的电池组。锂电池也是这样计算的，铅酸蓄电池组如图 4–16 所示。

图 4–16　铅酸蓄电池组

（3）设备选择。参照表 4–1 的数据，可以根据光伏阵列输入路数选择。如果选择 6 块组件，可以选择 48 V 100 A 的控制器；如果选择 8 块组件，则可以选择 48 V 120 A 的控制器。48 V 100 A 控制器容量为 4.8 kW，由于直流负载不会出现电流尖峰，控制器完全满足直流负载的需求。

参照表 4–2 的数据，可以根据交流功率选择逆变器型号。本例交流负载为 2 kW，可以选择 3 kW 的逆变器，因为像电动机这种交流负载在启动时会有尖峰电流。

逆变器选小了设备很有可能不启动。表 4–2 中 DJN2000–SPO–B 型号逆变器的额定容量为 2 000 V · A，额定功率为 1 400 W。对于电阻负荷来说，有功和视在功率数值一样；当有容性或感性负荷（电机），电流与电压会有一定的夹角，有功就等于视在功率乘功率因数。

此外，通信行业的直流系统（蓄电池系统）需要正极接地，这主要是为了防止电极的腐蚀，减少由于电缆金属外皮绝缘不良时产生的电蚀作用而使电缆金属外皮受到损坏。因为在电蚀时，金属离子在化学反应下是由正极向负极移动的，绝缘不良时就会有小电流，负极接地时导线有可能被蚀断。

4.1.3 离网储能系统在边远地区用电的应用

近年来，国家电网的输配电设施虽然一直都在加速建设，但部分海岛地区和人口稀少的高原山区，电力供应还不能完全覆盖。为了解决用电问题，一般会采用柴油发电机供电。油机发电不仅要考虑燃油成本，燃油的运输和补给也是很大的问题。夏天多台风，海岛的补给经常受到台风影响。而西北冬季寒冷，大雪封山封路往往长达数月。

1. 柴光互补系统

2012 年，笔者参与实施青海玉树地区的一个 90 kW（太阳能电池组件）离网项目，用电人数约为 70 人，照明及基本生活负载为 80 kW。由于这类项目蓄电池的成本过于庞大，应综合考虑以下几种因素。

（1）必须考虑蓄电池的优化配比，降低建设成本。

（2）要粗略估计当地日均用电量，不考虑恶劣天气的备用问题。恶劣天气用柴油机供电。

（3）风力资源一类、二类地区（海岛）要考虑风光互补。

（4）宁小勿大，系统不要追求过大化，过大的投资会吓跑业主。

（5）因地制宜，逆向设计。

由于该项目为慈善捐助项目，投资有限，需要合理使用投资，所以用了逆向设计思路。该村原有一台柴油机 100 kW，每天使用 4 h：上午 2 h，晚上 2 h。

100 kW 柴油机每小时发电 100 kW · h，使用 4 h 发电约 400 kW · h。当地峰值日照时间数为 5 h。决定使用 245 W 组件 15 块串联，24 串并联，总计 360 块 88.2 kW。利用当地寺庙后面的一块空地建造的太阳能电池组件阵列如图 4–17 所示。

图 4–17 太阳能电池组件阵列

太阳能电站每天发电 40 ～ 500 kW · h，考虑系统转化效率等因素，决定蓄电池的蓄电量为 450 kW · h，连续阴雨天等极端天气采用柴油机供电，不做（n+1）

备份。直流系统电压为 348 V。

为什么用 348 V 这个奇怪的电压呢？由于生产离网逆变器的厂家都是用 UPS 原型来改制的，UPS 包括整流、外接储能、逆变器三部分，而离网逆变器只需外接储能和逆变两个部分，不用重新开发新产品。因此蓄电池组的电压就沿用了 UPS 的标准。

UPS 与并网逆变器都需要使用直流母线电容，但是由于 UPS（Uninterruptible Power Supply）的前端电压变化小，蓄电池电压比太阳能电池组件稳定得多，因此使用的是电解电容（并网逆变器都是薄膜电容）。耐压 450 V 的电解电容被广泛采用，性价比好。而耐压 500 V 及以上的由于需求量少，制造工艺和质量控制存在一定问题，价格也比 450 V 的电容高出很多。

根据 348 ～ 384 V 对电解电容的影响。348 V 电池组均充电压为 406 V，加温度补偿后则最高均充电压为 416 V，可靠性、经济性最高，384 V 电压适用于 500 V 的电容。可参考某品牌的离网逆变器产品，其参数见表 4-3。

表 4-3　某品牌的离网逆变器产品参数

<table>
<tr><td>直流电压 /Vdc</td><td colspan="3">348</td><td colspan="3">384</td></tr>
<tr><td>交流输入 /Vac</td><td colspan="6">380</td></tr>
<tr><td>后备输入电源</td><td colspan="6">可接入市电或柴油发电机</td></tr>
<tr><td colspan="7">输出特性</td></tr>
<tr><td>容量 /kVA</td><td colspan="6">10、20、30、40、50、60、80、100、120、160、200
250、300、400、500、600</td></tr>
<tr><td>输出功率因数</td><td colspan="6">0.9</td></tr>
<tr><td>电压 /Vac</td><td colspan="6">（380/400/415）×（1±1%）</td></tr>
<tr><td>频率 /Hz</td><td colspan="6">50/60</td></tr>
<tr><td>波形</td><td colspan="6">正弦波，THD ＜ 2%（线性负载）</td></tr>
<tr><td>过载能力</td><td colspan="6">逆变状态：125%满载时维持 10 min；150%满载时维持 1 min</td></tr>
<tr><td>系统效率</td><td colspan="6">高达 94%</td></tr>
<tr><td colspan="7">其他特性</td></tr>
<tr><td>通信功能</td><td colspan="6">支持 RS232、RS485(ModBus 协议)、干接点通信</td></tr>
<tr><td>告警功能</td><td colspan="6">市电异常、电池欠压、输出过载等</td></tr>
<tr><td>保护功能</td><td colspan="6">电池欠压保护、过载保护、短路保护、过温保护、输入过欠压保护等</td></tr>
<tr><td>允许环境温度 /℃</td><td colspan="6">-5 ～ 40</td></tr>
<tr><td>相对湿度</td><td colspan="6">0 ～ 95%（无冷凝）</td></tr>
<tr><td>噪声 /dB</td><td>＜ 60</td><td colspan="2">＜ 65</td><td colspan="3">＜ 70</td></tr>
<tr><td colspan="2">尺寸
（宽 × 深 × 高）/mm</td><td>500 × 800 ×
1 600</td><td>700 × 800 ×
1 800</td><td>1 400 × 1 000 ×
1 600</td><td>1 600 × 1 000 ×
1 850</td><td>3 000 × 1 000 ×
1 800</td></tr>
<tr><td>质量 /kg</td><td>230/260
/300</td><td>400/430
/450/520</td><td>600/650
/825</td><td>1 280/1 568</td><td>180/2 050</td><td>4 500/4 600</td></tr>
</table>

蓄电池组的选配通过计算可得：440 kW · h ÷ 348 V ≈ 1 200 A · h。根据表 4–4 某品牌蓄电池产品参数进行选择，该品牌有 2 V 1 200 A · h 规格。如果没有，就需要根据预算斟酌使用 1 000 A · h 或者 1 500 A · h 的规格。该项目使用了 174 节 2 V 1 200 A · h 铅酸胶体电池串联。单节电池尺寸很大也很重（单节电池质量为 71 kg），蓄电池架以及接线应该参照厂家出具的图纸制作安装。配电室蓄电池如图 4–18 所示，离网项目的系统结构如图 4–19 所示。由于本项目不考虑电量备份，当遭遇连续雨雪天气时，应由当地管理人员提醒居民减少用电和分时用电，优先保证卫生所、通信基站等重要设备的用电。当蓄电池组亏电报警时，启动柴油发电机，通过专用的发电机给蓄电池快速充电。

表 4–4　蓄电池产品参数

序号	电池型号	额定电压 V	额定容量 A · h/(10 h)	外形尺寸 /mm				参考质量 kg	端子类型
				长	宽	高	总高		
1	GFM–200	2	200	170	110	330	350	14.3	F7
2	GFM–300	2	300	171	151	330	366	20.3	F7
3	GFM–400	2	400	211	176	329	367	27	F7
4	GFM–500	2	500	241	172	330	365	32.1	F7
5	GFM–600	2	600	301	175	331	366	39.1	F7
6	GFM–800	2	800	410	176	330	365	48.1	F7
7	GFM–1000	2	1 000	475	175	327	365	64.2	F7
8	GFM–1200	2	1 200	475	175	327	365	71	F7
9	GFM–1500	2	1 500	401	351	342	378	101	F7
10	GFM–2000	2	2 000	491	351	343	383	132	F7
11	GFM–3000	2	3 000	712	353	341	382	192	F7

图 4–18　配电室的蓄电池

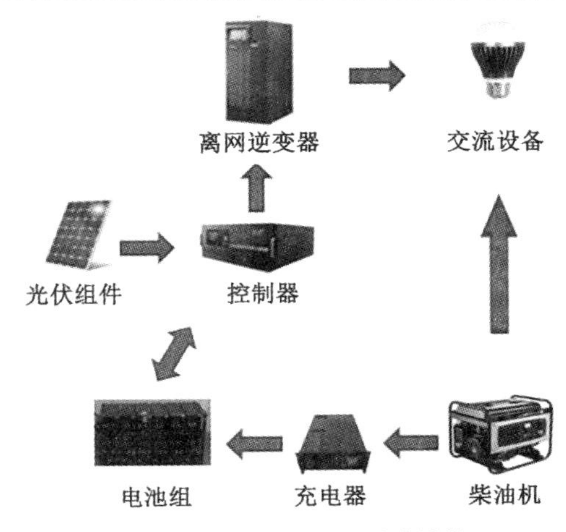

图 4–19　离网项目的系统结构

2. 风光柴互补离网系统

风光柴互补离网系统多用于海岛的独立供电。海岛面积不大，能安装太阳能电池组件的空间有限，只能根据有限的空间，先设计光伏系统的功率，其余的由风力发电补足。笔者参与实施过一个舟山群岛的项目，该岛有一个通信基站，所有设备功率为 3 kW，有 1 kW 设备需要 24 h 工作。平时由 1 台 5 kW 的柴油机负责日常生活、工作用电（见图 4–20）。在安装了风力发电机后，岛上同时安装了海水淡化系统，更换了新的航标灯等设备。

从该地区渔业部门拿到的水文数据，查得海岛风速常年平均为 12 m/s。根据上海致远的 9.8 kW 风机功率曲线可得，风力发电机可以最大功率运行，年发电量约为 2 万 kW · h。

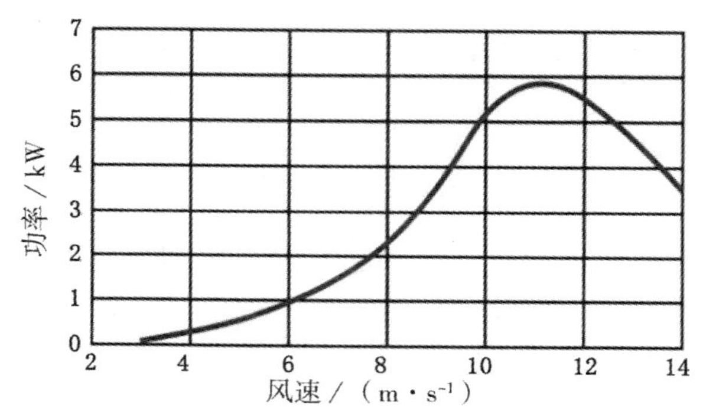

图 4–20　5 kW 风力发电机功率曲线

岛上原有有 8 块 200 W 太阳能电池组件，48 V 1 000 A · h 电池组，在更换了控制器和逆变器后组成风光柴互补离网系统，系统原理如图 4–21 所示。多系统并联后会产生复杂的控制逻辑问题。

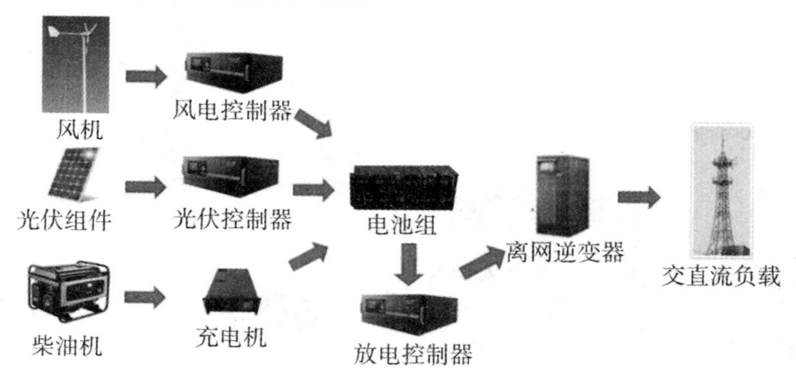

图 4–21　风光柴互补离网系统原理

（1）风、光伏功率等于负载功率，系统处于平衡状态。

（2）风、光伏功率小于负载功率，蓄电池向外输出功率。

（3）风、光伏功率大于负载功率，剩余功率给蓄电池充电。

（4）蓄电池容量大于保护值，风、光伏功率大于负载功率，风、光伏满足负载用电后，剩余功率给蓄电池充电。

（5）蓄电池容量大于保护值，风、光伏功率小于负载功率，蓄电池向负载供电。

（6）蓄电池容量小于保护值，则启动柴油机。

3. 风力发电机简介

风力发电机按用途可分为离网型和并网型。离网型的小型分散风力发电装置发电机组功率小，风速适应范围广，生产技术成熟，适合家庭和边远地区的小型用电负荷点。考虑到风能的不连续性，通常需要配置蓄电池。

并网型的大型风力发电装置是风力发电规模化利用的主要方式，最大功率已经能达到 8 MW。中国、丹麦、德国是风力发电机组生产技术比较领先的国家。

国内生产离网型小型风力发电机的厂家主要是上海致远。该公司公开的资料显示，小型风力发电机的功率段从 5 ～ 100 kW，适用于分布式发电场景。生产大型并网风力发电机的厂家就比较多了，如上海电气、维斯塔斯、通用电气等，应用场景为我们熟悉的海上风厂、陆上风厂。

这里向读者介绍两个风力发电的知识，一是风力发电机的最大转换效率，二是两种主流的风力发电机。

（1）风能利用系数。纯硅制作的太阳能电池组件，转化效率目前都没有超过 25%的，现在的研发方向是异质结（Heterojunction with Intrinsic Thin Layer，HJT）技术，进一步提高太阳能电池的转化效率。同理，这个 C_p 就是风电的最大转化效率，无论风电怎么设计，风能转化机械能的能量都不会超过 59.3%，现在很多大型风电机组的 C_p 都做到了 50%以上。

以下为 C_p 的推导过程：

风力发电机从叶面上提取风能，并将其转换为电能。由流体力学可知，气体的动能为

$$E = \frac{1}{2} m v_{\text{wind}}^2 \tag{4-3}$$

式中：m ——气体的质量，单位为 kg；

v_{wind}——气体的速度，单位为 m/s。

若单位时间内气体流过截面积为 S（m^2），体积为 V（m^3），则

$$V = Sv_{\text{wind}} \tag{4-4}$$

所以该体积的空气质量为

$$E_{\text{wind}} = \frac{1}{2}\rho S v_{\text{wind}}^{3} = P_{\text{wind}} \tag{4-5}$$

式中：ρ ——空气密度，单位为 kg/m^3；

P_{wind}——瞬时风能。

此时风所具有的能量为

$$m = \rho V = \rho S v_{\text{wind}} \tag{4-6}$$

由此可见，风能的大小与空气密度和通过的面积成正比，与风速的立方成正比，随地理位置、海拔、地形等因素的不同而变化。

由于流过风轮后的风速不可能为零，因此风轮桨叶不能把所有的风能 P_{wind} 都转化为机械能 P_{m}。根据贝茨定理，风能利用系数 C_{p} 决定了风能转换的最大值，公式为

$$C_{\text{p}} = \frac{P_{\text{m}}}{P_{\text{wind}}} < 59.3\% \tag{4-7}$$

（2）直驱与双馈。风力发电机从技术角度来看可分为直驱风力发电机与双馈风力发电机。双馈、直驱两种技术路线的本质区别在于双馈型是带齿轮箱的，而直驱型是不带齿轮箱的。在世界主流风电机组中，80%以上是带齿轮箱的双馈机型。尤其在技术、稳定性及可靠性要求极高的海上机组中，全部使用了技术成熟且可靠性好的双馈机组。直驱风力发电机与双馈风力发电机原理如图 4–22 和图 4–23 所示。

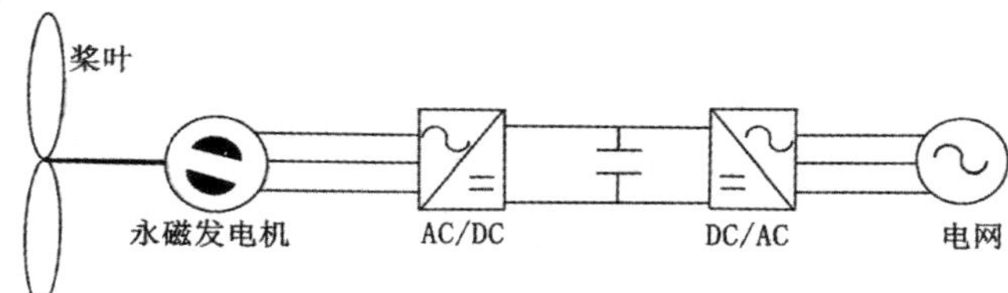

图 4–22　直驱风力发电机原理

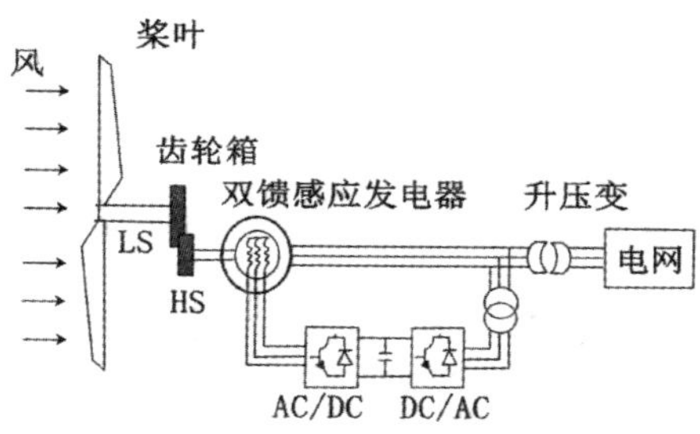

图 4–23　双馈风力发电机原理

根据麦克斯韦电磁场理论，变化的磁场可以产生变化的电场，桨叶旋转切割磁感线，就需要一个稳定的磁场。发电机的磁场分为永磁和励磁两类。由图 4–22 和图 4–23 可以看出，直驱发电机的磁场是永磁的，由一块磁体提供。中、小功率的风力发电机都是永磁直驱式的。双馈风力发电机的磁场是励磁的，也就是用外接电源提供的磁场，电源消失后磁场消失。双馈技术目前全部用于大功率并网风力发电机。

直驱技术与双馈技术各有优劣，业内互有争论，有兴趣的读者可以参考相关资料，本书不再赘述。

4.2 微电网的种类

各种储能系统结构（微电网）都是含有分布式发电装置、储能装置和用电负荷，并具有一定自我调节和控制能力的小型配电网。它可以不连接电网孤网运行，也可以并网运行，还可以在大电网故障时解列后孤岛运行。离网储能系统，就是一种孤岛运行系统。

根据母线电流的不同，储能系统又分为直流母线系统、交流母线系统、混合母线系统。

4.2.1 直流母线微电网

离网储能系统就是一种典型的直流母线系统。把图 4–21 风光柴互补离网系统原理稍加修改，就变成了一个典型的直流母线结构，如图 4–24 所示。

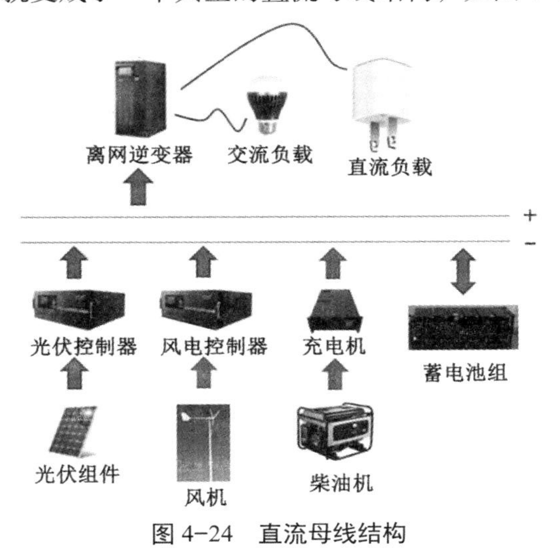

图 4–24 直流母线结构

直流微电网中的分布式电源只受控于直流电压（蓄电池组的电压），不需要考虑相位同步问题，也不存在频率稳定问题和交流损耗等问题，非常便于分布式能源的热插拔式并网。

4.2.2 交直流混合母线微电网

交流母线系统在我们生活中无处不在，楼宇、工厂、商店、医院都使用的交流电，例如光伏系统通过并网逆变器并网、蓄电池通过双向 PCS 并网、风力发电机通过变流器并网……如果把图 4–24 进一步拓展，变成图 4–25 的结构，那么这个系统就是交直流混合系统。这种混合系统其实就是微电网。

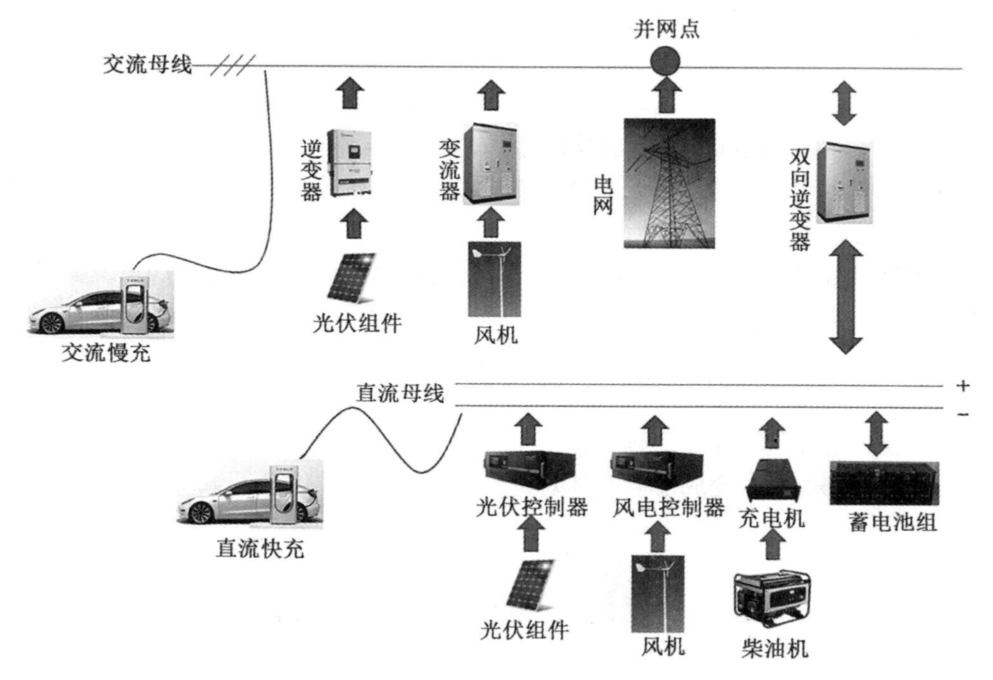

图 4–25　交直流混合母线系统

其实，直流母线系统也是一种微电网，根据微电网（micro grid）的定义，即由分布式电源、储能装置、能量转换装置、负荷等组成的小型发配电系统。微电网的“微”与传统大电网的“大”是相对应的，微电网的提出旨在解决分布式电源的灵活、高效应用，解决数量庞大、形式多样的分布式电源并网问题。

并网点（PCC）正常时，光伏逆变器、风机变流器都正常工作。

（1）当直流母线系统分布式电源功率大于负载功率时，剩余的能量通过双向变流器并网或充入蓄电池（此时的双向变流器工作在电流源状态）。

（2）当直流母线系统分布式电源功率小于负载功率时，不足能量通过双向变流器从电网取电后输入直流母线系统（此时的双向变流器工作在整流 AC/DC 状态）。

（3）当直流母线系统分布式电源功率等于负载功率时，蓄电池保持直流母线的电压不波动，维持系统的平衡。

并网点故障时，光伏并网逆变器和风电的变流器在短时间内会进入孤岛保护状态。此时，双向逆变器会由“电流源模式”切换到“电压源模式”，这种切换叫作“无缝切换”。在整个切换过程中，电网的电压和频率都在运行标准规定的范围之内。双向变流器在并网运行时是有功无功控制模式（P–Q 模式），在独立运行时是电压频率控制模式（V–F 模式）。电压源逆变器和电流源逆变器如图 4–26 所示。

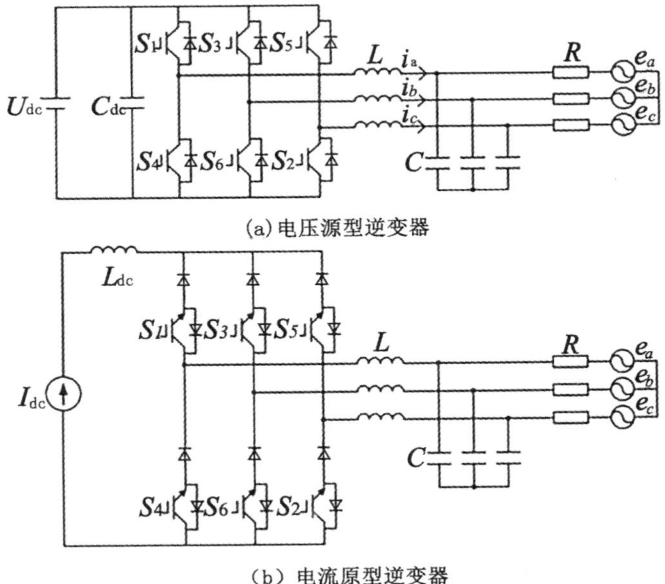

(a) 电压源型逆变器

（b）电流原型逆变器

图 4–26　电压源逆变器与电流源逆变器

4.2.3　双向逆变器

双向逆变器，又叫储能逆变器（Power Conversion System，PCS）。通过 PCS 可实现交流能量和直流能量的双向流动。PCS 主要有电流源并网运行和电压源孤岛（离网）运行两种工作模式。

1. 电压源与电流源的区别

电压源内阻为零，输出电压恒定不变；电流及其方向由电压源与外电路共同决定。电压源的特点要求电压源不能短路。电压源不能直接并联使用，如柴油发电机不能直接连接电网。水电站、火电站也是电压源，这种电压源可以通过精确的控制信号同步进行并网，不属于直接并联使用的情况。

电流源的内阻无穷大，输出电流由设备内部算法进行控制。电压及频率由外电路（电网）决定，电流源的特点要求电流源不能开路（电网不能故障）。电流源可以并联使用，如组串逆变器可以大规模地并联。

2. 无缝切换概念

并网运行策略即 P–Q 运行模式，在与电网并网模式下，双向逆变器依靠电网所提供电压和频率的刚性支撑。这时电网中的负荷波动、电压和频率的扰动都由大电网承担，分布式电源不需要考虑电压和频率调节，即 P–Q 控制模式[①]。

孤岛（离网）运行策略即 V–F 控制，当大电网发生故障时，为了保证微电网系统中的关键负荷不断电，微电网系统可根据需要独立运行。当独立运行时，双向逆变器相当于系统中的一个电压源，为微电网系统提供合适的电压和频率[②]。无缝切换流程如图 4–27 所示。

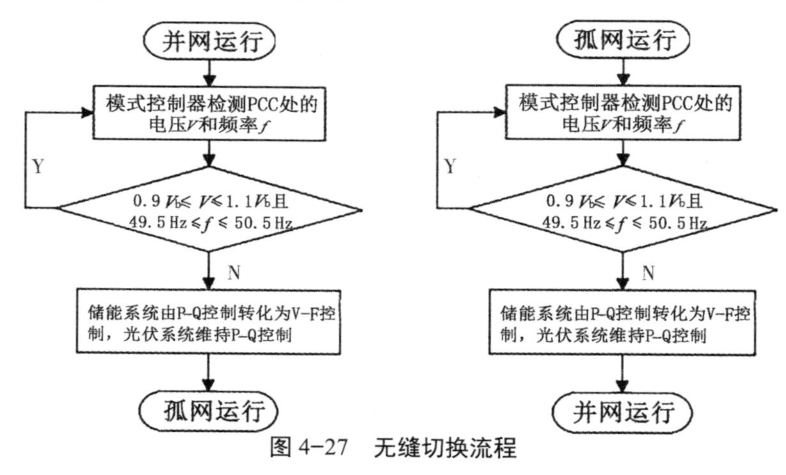

图 4–27　无缝切换流程

无缝切换就是在两种模式转换时，微电网的电压基本稳定，没有大的突变。

① 景雷．微电网系统无缝切换策略研究与仿真［J］．电气应用，2013（S1）：422.

② 李超，赵志刚．基于储能变流器的微电网并 / 离网无缝切换的研究［J］．山东工业技术，2017（19）：93.

负荷感受不到电压变化，能够保证计算机这类敏感负荷正常运行。在模式转换过程中，分布式电源的电压幅值、频率和相位与大电网的电压幅值、频率和相位保持一致。在模式切换过程中，网内电压无明显波动，电流冲击小。在并网运行转孤岛运行后，分布式电源的电能必须满足网内负荷电能需求，模式切换过程中负载感受不到电压明显变化。在微电网由孤岛运行切换为并网模式时，网内电压没有大的波动，分布式电源在并网时不会因为同期角问题而脱网。

近年来，一些用户负荷对电能质量的要求越来越高，这引起了国家电网的重视。电能质量中对负荷影响最大的是电压暂降。按照 IEEE 的定义，电压暂降是指工频条件下电压均方根值持续跌落到倍额定电压的 0.1 ～ 0.9 倍，并且持续 10 ms 以上的电压闪变现象。当电网电压波动大于 ±8%时，要求微电网及时从并网切换到孤岛模式。除了电压暂降的要求外，还有无缝切换的时间要求。一般要求 PCS 在 10 ms 内完成并网模式转为离网模式[①]。

4.3 并网储能系统

并网储能系统从结构上来说就是有电网参与的储能系统。图 4-25 中的交直流混合母线系统就是并网储能系统，并网储能系统通过并网点与大电网进行能量交互。

这种系统是目前应用最多、技术最复杂、需要研究课题最多的系统。例如，电池的容量选配、双向逆变器技术、系统能量调度和控制技术等。

4.3.1 水光互补储能系统

水光互补储能项目最典型的案例是玉树州曲麻莱县 7 MW 分布式离网光伏电站，这在当时是世界上规模最大的离网光伏电站。曲麻莱县原本靠一座二级水电站供电，供电不足，冬天枯水季节时需要隔天供电。

该储能项目光伏总装机容量 7.203 MW，电站采用全光伏储能发电模式，不带任何其他电源。储能总容量为 25.7 MW · h，采用锂电池储能系统 5 MW · h，铅酸蓄电池储能系统 20.7 MW · h，依靠储能电池解决光伏电站的黑启动问题，在连续阴雨天等极端情况下，全部负荷依靠电池可供电 24 h，50%的居民日常用电靠电池能运行 72 h，重要负荷依靠储能电池可供电一周时间。

---

① 陈建卫 . 含储能系统的微电网无缝切换技术应用研究［D］. 北京：华北电力大学，2017：153.

夏季为丰水季节，储能系统与小水电并列运行，如图 4-28 所示。小水电作为主电源，可以提供较稳定的电压和频率。PCS 即双向逆变器，在 P-Q 模式下可以无控制地并联运行。

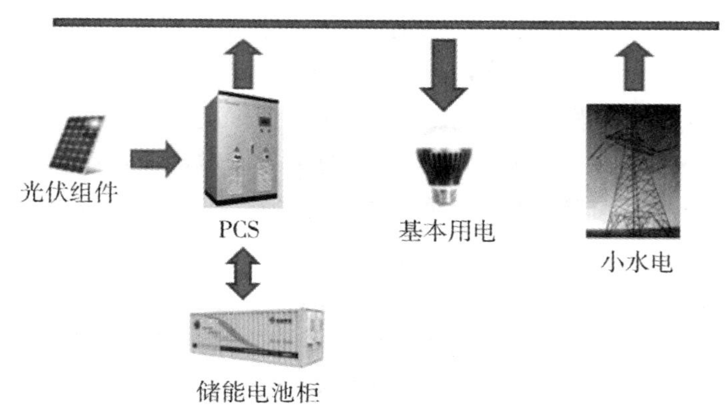

图 4-28　水光互补储能系统（与小水电并列运行）

冬季枯水期小水电不运行，储能系统单独工作，如图 4-29 所示。一部分 PCS 需要切换到 V-F 模式下后并联使用（用锂电池），为电网提供电压和频率。一部分 PCS 依旧工作在 P-Q 模式下，为负载提供电能（用铅酸电池）。此后的中节能青海治多县 2.4 MW 项目、中广核祁连县 3 MW 项目都使用这种系统结构。

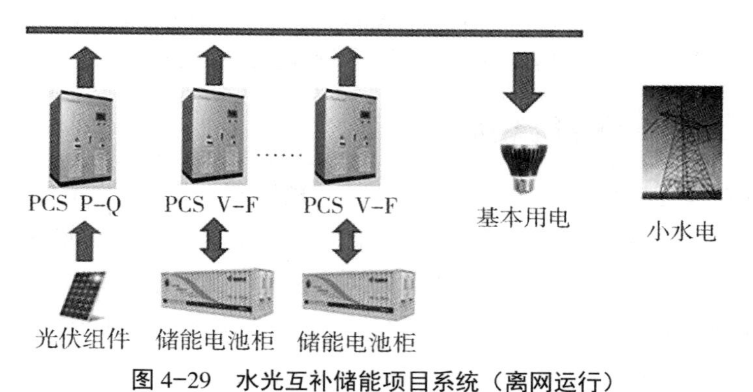

图 4-29　水光互补储能项目系统（离网运行）

1. 黑启动的概念

电力系统大停电后快速恢复供电，即电力系统黑启动。微电网黑启动是指当微电网因为外部干扰或者内部故障使系统整体处于停电状态即全黑状态时，系统在不依靠外界电源的情况下，凭借系统内部具有黑启动能力的分布式发电带动系统内其他分布式发电，从而启动整个微电网。

由于光伏、风机波动性和随机性较大，在黑启动过程中容易造成电压和频率的失稳，因此黑启动中电源的选取关系着黑启动能否成功。黑启动过程中的电源主要分为黑启动电源和非黑启动电源。对于黑启动电源，需要具备以下三点：①能建立并维持孤岛微电网中的电压和频率；②具有足够的容量以及较好的动态性能，能够迅速跟踪负荷的变化以及承受非黑启动电源启动时的功率冲击；③能够稳定地提供功率输出[①]。综上所述，柴油发电机等传统形式的能源都可以成为黑启动电源。同时，由于工作在V–F模式下的PCS亦满足上述3项要求，因此也可以成为黑启动的电源。

黑启动顺序为：

（1）切除所有负荷。

（2）启动具有V–F模式的黑启动主电源，建立稳定的电压和频率，黑启动电源功率要大于负荷功率与分布式电源功率之和（防止启动冲击）。

（3）启动重要负荷。

（4）分批启动分布式电源。

（5）启动所有负荷。

2. 多台PCS并联运行

由于微电网内PCS数量多，单台变流器的容量（目前单机最大630 kW）往往不足以支撑整个微网的负荷，当变流器容量小于微网内负荷时，如果需要黑启动就要甩负荷，因此多台PCS并联控制技术至关重要。

（1）集中控制模式。集中控制模式是所有PCS的频率和电压参考均来自微电网的控制器，控制器提供各台PCS的同步信号。这种控制对通信有很高的要求，控制效果也非常好。但是如果控制器故障，那么整个系统也会随之崩溃，可靠性较低。

（2）主从控制模式。微电网内一台PCS作为主机，该机器处于V–F电压源模式运行，其他PCS作为从机，处于P–Q电流源模式运行。如果主PCS出现异常，就需要选择一台从机切换为主机。在切换过程中，微电网必然会存在失压现象，所以可靠性不高。同时，由于只有一台PCS工作在V–F电压源模式下，因此负载变化不能过大，否则将导致过流。而负荷也不能大于主机的容量，否则系统在启动时也会过流。所以，这种方法在实际应用中存在很大的局限性。

---

① 李鑫卓．孤立微电网黑启动策略研究［J］．电工电气，2019（6）：1–4，20.

（3）对等控制模式。微电网内的各台 PCS 互不影响，也不需要通信。任意一台 PCS 停机或故障都不会影响其他 PCS 运行，这就提高了其可靠性。

对等控制即下垂控制（Droop），微电网系统中多台 PCS 处于下垂控制模式，统一接收后台下发的微网运行电压期望和频率期望，每台 PCS 利用自身的下垂特性，计算自身有功功率和无功功率，计算自身应该输出电压的幅值和频率，使每台 PCS 都可以稳定运行。

以上这些控制技术都非常复杂，每个专题都能写一篇长且生涩难懂的论文，所以在这里了解即可。还需要说明的是，PCS 并联技术并不是新能源行业独创的，这项技术来源于 UPS 电源行业，在电信行业中使用得比较成熟，电信行业喜欢使用（N+1）冗余备份的电源设计。例如，负载为 100 kW，电信行业喜欢使用（5+1）台 20 kW 的电源并联。

4.3.2 发电侧储能

在传统火电机组中，储能在发电侧中的应用能够显著提高机组的效率，对辅助动态运行有着十分积极的作用，这可以保证动态运行的质量和效率，且暂缓使用新建机组，甚至取代新建机组。另外，发电机组在用电过程中还可及时为储能系统充电，在高峰用电时段提高负荷放电的效率，并且可以以较快的速度向负荷放电，促进电网安全平稳地运行。

在风力发电和光伏发电等新能源发电机组中，储能一方面能够保证新能源发电的稳定性和连续性，另一方面能够增强电网的柔性与本地消化新能源的能力。在风电场中，储能可以有效提升风电调节能力，保证风电输出的顺畅性。储能在集中式并网光伏电站中既能够加强电力调峰的有效性，也能够提高电能的质量，使电力系统在运行的过程中不易出现异常问题①。

1. 风电发电侧储能

风电场的原始输出功率具有间歇性、波动性等不稳定因素，若直接并入电网会对电网造成冲击，影响电网的电能质量，故需要使用储能系统对功率进行平抑。风电发电侧储能原理如图 4 –30 所示。

① 李俊正 . 谈储能在新能源与电网协调发展中的重要作用［J］. 经济师，2020（1）：284.

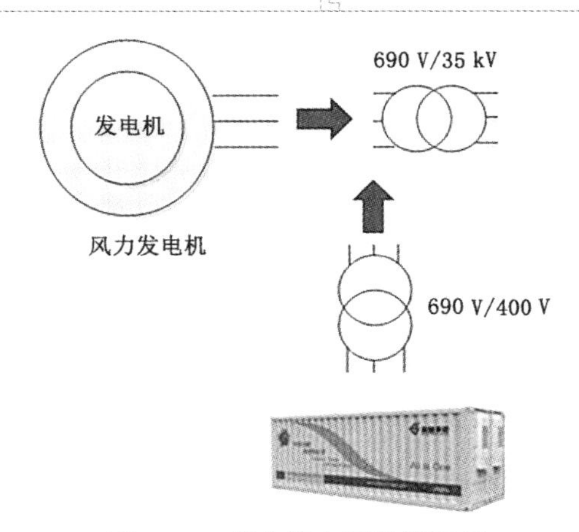

图 4-30 风电发电侧储能原理

假设：电网需求功率为 P_0，风电发出功率为 P_W，可得

$$P_0 - P_W = P_\triangle \tag{4-8}$$

在没有储能系统的参与下 $P_\triangle$ 就会造成电网的波动。安装了储能系统以后，当 $P_\triangle > 0$ 时，储能系统对电网释放功率；当 $P_\triangle < 0$ 时，储能系统吸收风力发电机释放的多余功率，使总功率得到平抑。

风电场有功功率的变化应该满足表 4-5 中的要求，避免对电网正常运行造成影响。但风电的出力不可控，可以利用储能系统快速响应的特性，大功率地吞吐能量，削减功率的偏差，从而满足电力系统对风电功率的要求。

表 4-5 风电场并网要求

风电场装机容量 /MW	10 min 最大有功功率变化限值 MW	1 min 最大有功功率变化限值 MW
＜ 30	10	3
30~150	装机容量 /3	装机容量 /10
＞ 150	50	15

利用储能能量管理系统与风电场自动发电控制系统的相互配合，能够更好地完成调度部门对风电场下达发电指令。当风电场的实时功率不能满足系统的发电计划时，由储能能量管理系统计算计划与实时功率的差额，将功率指令下发到储能单元控制其充放电，补偿发电计划与实时功率的差额，从而提升风电场对发电计划的跟踪能力。

当风电场并网点出现电压瞬间跌落时，可能会引起风电场的大面积脱网，对系统造成很大的冲击，甚至引起区域电网停电，甘肃电网就曾经出现过这种故障。

可以将储能系统当作应急电源，提高风电场的低电压穿越能力，从而增强系统的稳定性。或当系统中有大负荷切入、切出时，利用储能系统的快速响应性和出色的爬坡能力，能够在一定程度上减弱所引起区域电网内的频率和电压发生波动幅度，保证局域电网的电压和频率的稳定性，提高电能质量[①]。

2. 光伏发电侧储能

光伏发电侧储能的功能与风电发电侧储能的功能并无差别。

（1）储能系统通过升压变压器直接接入交流母线，如图 4-31 所示。这种方案的优点是储能系统容量配置灵活，不管光伏方阵的朝向是否有阴影遮挡，所有多余的能量都能统一地收集起来。缺点是储能系统需要单独接入电网，并网手续比较复杂。电池充电和放电经过多级转换，系统转换效率较低。很多能量损失在了变压器上。

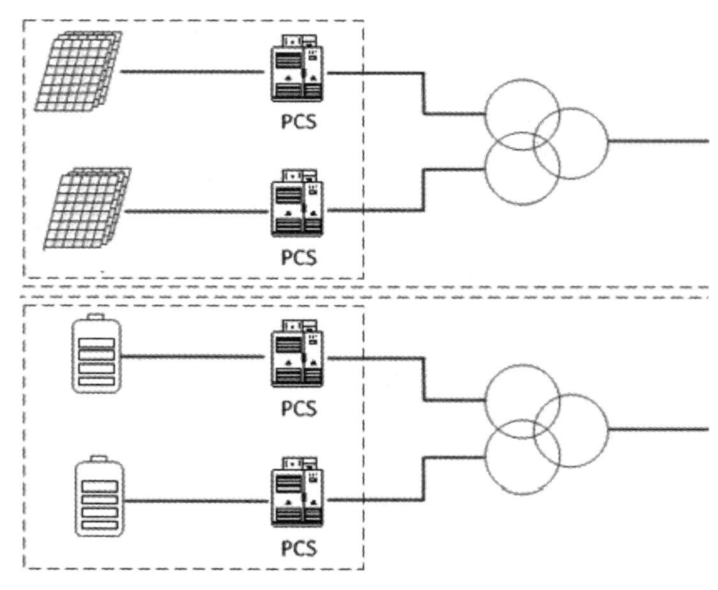

图 4-31　储能系统通过升压变压器直接接入交流母线

（2）储能系统直接接入光伏逆变器直流侧，如图 4-32 所示。这种方案的优点是直流电能经过一级 DC/DC 变换直接存储能量，不经过变压器接入电网，效率更高。缺点是需要大功率直流变换器 DC/DC。此外，由于不同的方阵发电量不同，因此蓄电池的容量会出现很大的差异，后期不易调度。

① 王明扬 . 基于储能风电场调频的研究［D］. 沈阳：沈阳工程学院，2019.

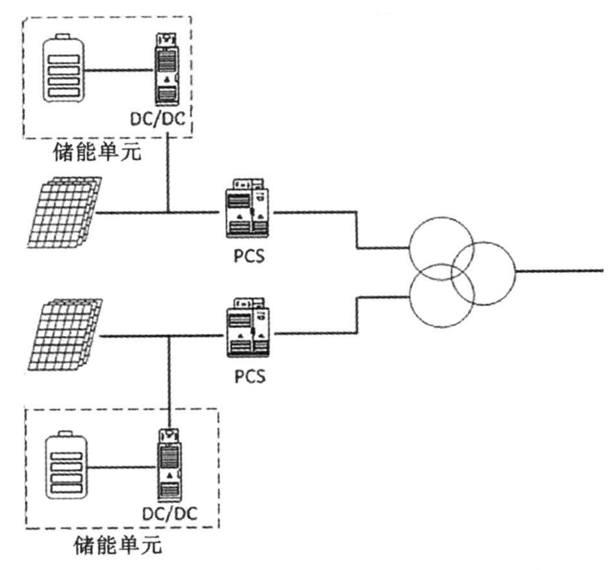

图 4-32 储能系统直接接入光伏逆变器直流侧

2018 年 7 月，江苏镇江东部百兆瓦级电池储能电站顺利并网运行，成为中国首个并网运行的百兆瓦级电池储能电站。这个储能电站对电池储能在电网侧削峰填谷、平滑电网负荷等方面的应用具有标志性意义，为储能迈向商业化提供了重要的实践依据。

光伏发电侧储能最主要的功能之一是接受调度平滑电网负荷，服从并跟踪上级电网的计划曲线。当光伏发电输出功率超过计划曲线时，将多余能量存入储能电池；当光伏发电输出功率低于计划曲线时，将储能电池能量输入电网，如图 4-33 所示。

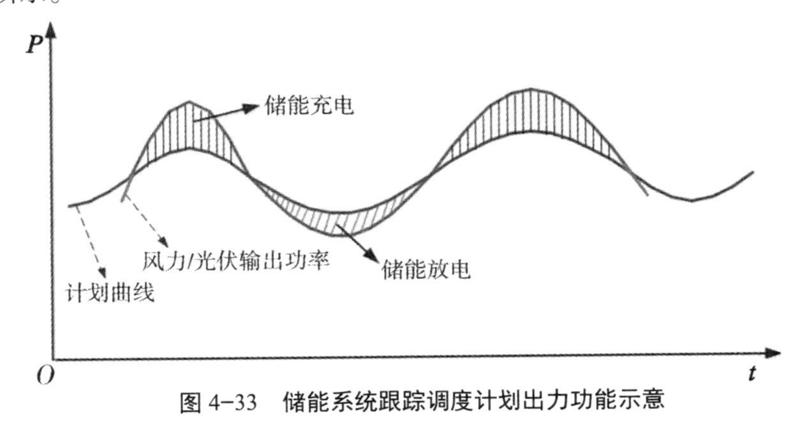

图 4-33 储能系统跟踪调度计划出力功能示意

削峰填谷是光伏发电侧储能的另一个重要功能。当光伏发电输出功率受限时，将多余能量存入储能电池；当光伏发电输出功率不受限时，将储能电池能量输出电网，如图 4–34 所示。

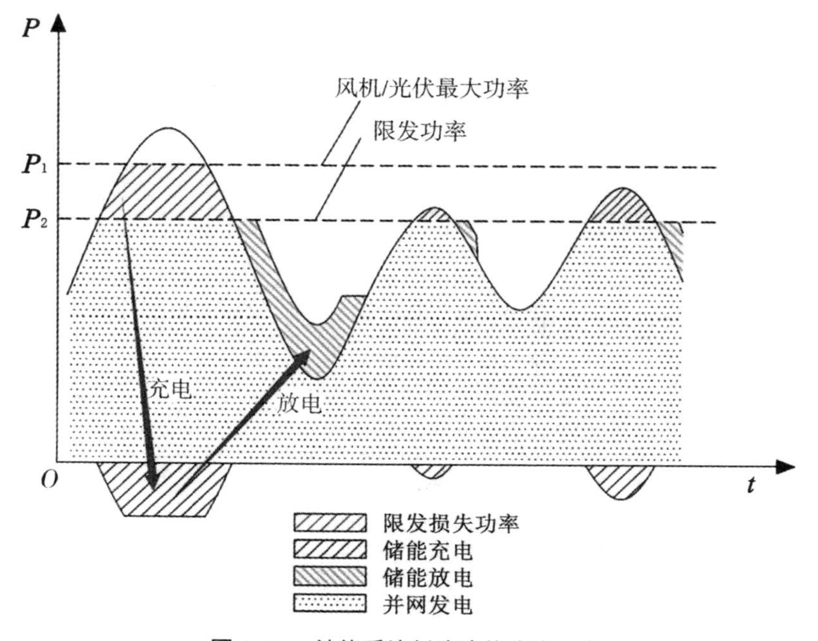

图 4–34　储能系统削峰填谷功能示意

3. 储能调频功能

储能系统具有快速精确的功率响应能力，能够提高火电厂的调频能力，保证电网频率的稳定，提高系统运行的安全性。特别是在电力自动发电控制（Automatic Generation Control，AGC）调频市场，储能系统得到了广泛应用，目前是市场上投资回报率最高的储能系统应用。

为什么要调频？我国电网的频率是 50 Hz，当电网输出有功小于负荷需求有功时，系统频率会降低；反之，当电网输出有功大于负荷需求有功时，系统频率会升高。系统有功功率不平衡是产生频率偏差的根本原因。我国电力系统的正常频率偏差允许值为 ±0.2 Hz，当系统容量较小时，频率偏差值可以放宽到 ±0.5 Hz。当频率下降时，火电机组的汽轮机叶片的振动变大，会影响设备的使用寿命，甚至会因产生裂纹而断裂。当频率上升时，转速增加转子的离心力增大，不利于机组的安全运行。

当前，电力市场上主要依靠的是火电调频和水电调频。火电调频时，需要从改变进入锅炉的燃料开始，逐步改变锅炉蒸发量，然后才能改变汽轮发电机组的出力，而由于锅炉及汽轮机都是在热状态运行的，如果温度变化太快会引起金属部件变形，所以不允许发电机组的电力输出变化太快。水电调频时只要改变水电站进水阀门增减进水量，水力发电机组就会改变电力输出。整个过程基本上都是冷态运行，所以一般不会产生不良后果。但是水电站并不普及，一般只建在西南水力资源丰富的地区，所以其他地区的电网主要依靠火电调频。

火电调频与储能调频相比，最大的不足就是不够精确。火电调频与实际需求差距较大，如图 4-35 所示。储能系统输出功率与 AGC 指令曲线基本一致，达到良好的调频效果，如图 4-36 所示。

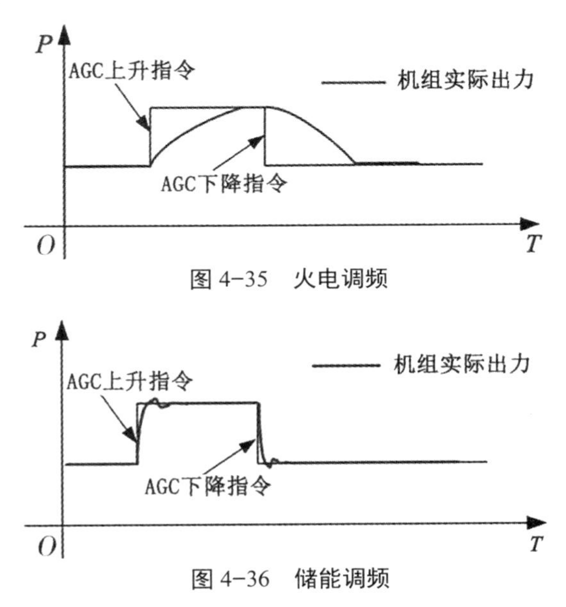

图 4-35　火电调频

图 4-36　储能调频

当前，有相关法规专门针对火电厂调频不到位的情况进行处罚，如果配套调频储能可免于处罚。火电厂需要配套2%～3%的调节深度，如果全国有 1 000 GW 火电，就需要大约 30 GW 的储能调频系统，而且储能调频系统效率极高。储能 15 min 相应调剂深度的储能系统，调频效率是水电的 1.4 倍、燃气机组的 2.2 倍、燃煤机组的 20 倍。

储能装置接入后与发电机组原有协调执行 AGC 调度指令，在电网下达 AGC 调节指令后，火电机组 DCS 和储能装置同时接收电网指令，控制机组出力跟踪电网调度指令。机组和储能装置会同时响应，机组响应较慢，储能装置较快。随着机组的响应，储能装置会根据指令和机组响应情况调整输出或者储存功率，完成一次调节过程，等待下一次调节指令的到来。执行逻辑如图 4–37 所示。

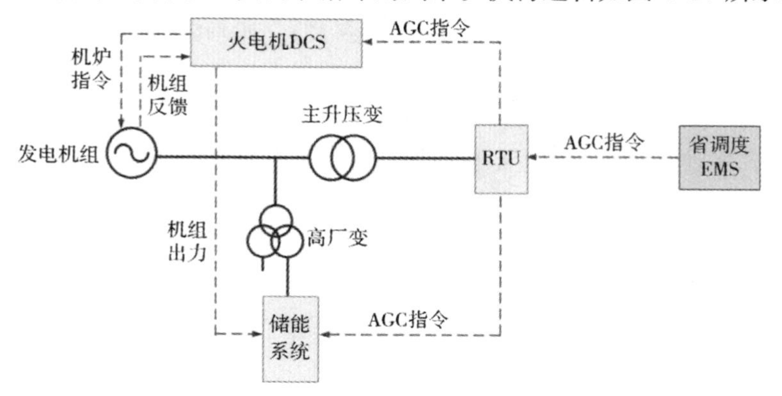

图 4–37　火电储能混合调频的执行逻辑

4.3.3 家庭用并网储能

家庭用并网储能系统结构包括太阳能电池组件、储能电池、储能逆变器，电能量优先满足负载用电，其次给电池充电，多余再流向电网。家庭用并网储能系统原理如图 4–38 所示。

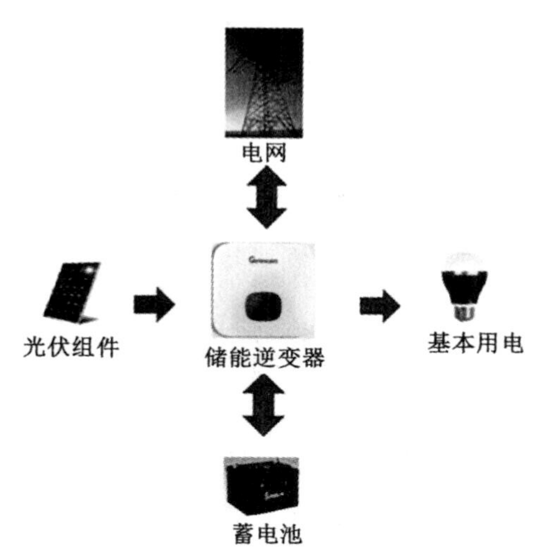

图 4–38　家庭用并网储能系统原理

家庭用并网储能系统在国外市场非常火爆，不亚于国内的户用并网市场，主要原因是欧美国家电价很高，折合人民币为 2 ～ 3 元 /（kW · h）。因为有利益驱动，所以有市场，而且各个国家都有很好的补贴政策。

德国是全球户用并网储能市场最成熟的国家。快速下降的储能系统成本、逐年降低的光伏上网补贴电价、不断高涨的居民零售电价以及连续两期的户用储能安装补贴政策等因素共同推动着德国户用并网储能市场的发展。德国的主要政策如下。

（1）德国小型户用光伏储能投资补贴计划。为功率 30 kW 以下、与户用光伏配套的储能系统提供 30% 的安装补贴，并通过德国复兴发展银行的“275 计划”对购买光伏储能设备的单位或个人提供低息贷款。

（2）德国分布式光伏储能补贴计划。此前一轮户用补贴计划在帮助分布式储能进入市场、降低储能技术成本、促进储能的商业化应用等方面取得了良好的效果，2016 年初，德国联邦经济事务和能源部重新调整并发布了新一轮“光伏 + 储能”补贴计划，补贴总额约 3 000 万欧元，于 2018 年底截止。该政策适用于 2012 年 12 月之后安装且容量低于 30 kW 的光伏系统，因此，新安装的光储系统或光伏改造添加储能设备的家庭均可向相关机构提交申请新补贴计划的支持。

日本自 2011 年遭受地震重创后，一方面开始改变能源策略，侧重于可再生能源的规模化发展，储能成为提高可再生能源消纳能力、解决自然灾害而引发的供电稳定性的重要手段；另一方面提出“氢能社会”的发展战略，在交通、供热和供电领域大力推广和应用氢能及燃料电池，构建以氢能为核心的新型能源体系。日本政策主要包括以下两大类。

（1）日本可再生能源储能应用相关支持政策。2014 年，日本的五大电力公司曾因太阳能发电项目势头过猛，而暂停收购光伏电力。为解决此问题，日本政府支持可再生能源发电公司引入储能电池，资助电力公司开展集中式可再生能源配备储能的示范项目，以降低弃风 / 光率、保障电网运行的稳定性。2015 年，日本政府共划拨 744 亿日元（约合 46.4 亿元人民币），针对安装储能电池的太阳能或风能发电公司给予补贴。目前，该项补贴已经结束，但该补贴政策的实施表明，日本政府为了促进电力公司接受可再生能源输出的电力，会不定期地出台一些补贴措施。

（2）日本“氢能社会”相关支持政策。2014 年 6 月，经济产业省发布“氢能社会”战略路线图，“氢能社会”战略是日本在福岛核事故之后建立新能源体系的重要支撑，也是其培育下一个全球领先产业的基石。该路线图指出，到 2022 年，主要着力于扩大本国固定式燃料电池和燃料电池汽车的使用量，以占据氢燃料电池世界市场的领先地位；到 2030 年，进一步扩大氢燃料的需求和应用范围，使氢加入传统的“电、热”而构建全新的二次能源结构；到 2040 年，氢燃料生产采用（二氧化碳捕获和封存 CCS）组合技术，建立起二氧化碳零排放的氢供应系统。

日本海外家庭储能系统的设备主要零部件都采购于中国，逆变器和锂电池只要通过出口国家的相关认证即可（日本锂电池认证容易，逆变器认证很难），中国产锂电池系统价格和质量都属上乘。图 4–39 所示为某公司出口日本的锂电池系统，该系统把直流开关、BMS 系统、电池模块整合在一起，便于安装；同时，规格按照储存电量的多少分为 5.12 kW・h、10.3 kW・h、11.5 kW・h，价格根据容量大小有所不同。

图 4–39　某公司出口日本的锂电池系统

4.3.4　工商业并网储能

工商业并网储能的原理和前述并网储能系统原理相同，如图 4–40 所示。大规模的工商业储能项目并不是新能源行业的独创，很多大规模的工商业储能项目集中在 IDC 数据机房领域。

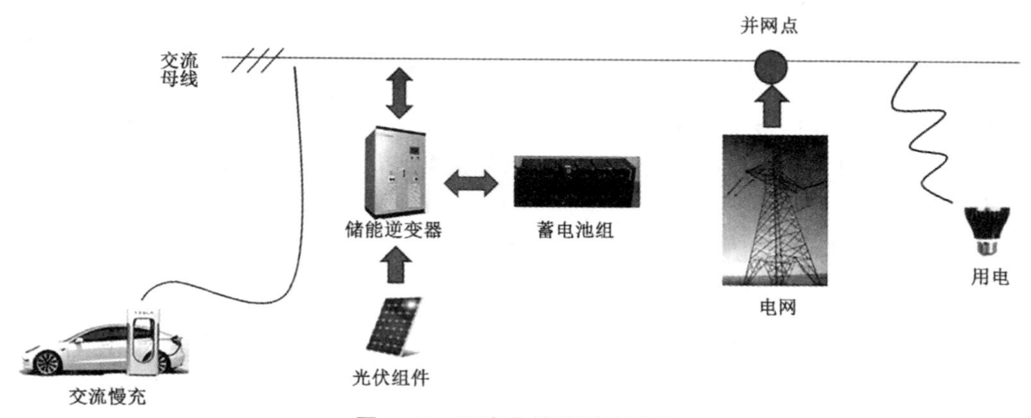

图 4–40　工商业储能系统原理

当前中国数据中心每年新增投资规模在 1 000 亿元左右，包含服务器、网络存储、网络设备、基础设施产品等。随着中国信息化社会的快速推进，以及云计算、物联网等产业的崛起，中国数据中心作为终端海量数据的承载与传输实体，每年的投资增速日益加快。2014 年，中国数据中心保有量约为 4.9 万个，总面积约为 1 300 万 m^2；到 2020 年，中国数据中心保有量将超过 8 万个，总面积将超过 3 000 万 m^2。

机房用电分配通常是 IT 设备占 40%，制冷空调占 40% 以上 (有的甚至高达 50%)，其余电源、照明占 20% 左右。据《中国数据中心能耗现状白皮书》显示，2015 年中国数据中心的电耗达 1 000 亿 kW · h，年耗电量超过全社会用电量的 1.5%。电费占中国数据中心运维总成本的 60% ～ 70%，而空调所用的电费占其中的 40%。

很多数据中心在不改变原有 IDC 机房配电机构设计的情况下，使用原有配电系统的空间、位置、线缆是在允许范围内的。采用“市电 + 电池”联合供电的供电模式。原设计的 30 min 后备电池，其中 15 min 依然做后备保障，另外的 15 min 容量用于储能放电。这样既能避免蓄电池长期处于浮充状态，导致蓄电池受损，也能最大限度地利用蓄电池的容量资源。

笔者并不看好目前纯“峰谷套利”的储能盈利模式，而是看好能直接减少碳排放的储能领域，比如，在港口机械领域的应用，更多的绿色工程机械、电动汽车等。

第 5 章　电力电子系统的 MATLAB 仿真

电力电子技术综合了电子电路、电机拖动等多学科知识，是一门实践性和应用性很强的课程。由于电力电子器件自身的开关非线性，给电力电子电路的分析带来了一定的复杂性和困难，一般常用波形分析的方法来研究。仿真技术为电力电子电路的分析提供了崭新的方法。

5.1 MATLAB 介绍

MATLAB 是一种科学计算软件。MATLAB 是 Matrix Laboratory（矩阵实验室）的缩写，这是一种以矩阵为基础的交互式程序计算语言。早期的 MATLAB 主要用于解决科学和工程的复杂数学计算问题。由于它使用方便、输入便捷、运算高效、适应科技人员的思维方式，并且有绘图功能，有用户自行扩展的空间，因此特别受到用户的欢迎，使它成为在科技界广为使用的软件，也是国内外高校教学和科学研究的常用软件。

MATLAB 由美国 Mathworks 公司于 1984 年开始推出，历经多次升级，到 2001 年已经有了 6.0 版，现在 MATLAB 6.1 版、6.5 版、7.0 版都已相继面世。早期的 MATLAB 在 DOS 环境下运行，1990 年推出了 Windows 版本。1993 年，Mathworks 公司推出了 MATLAB 的微机版，充分支持在微软 Windows 界面下的编程，它的功能越来越强大，在科技和工程界广为传播，是各种科学计算软件中使用频率最高的软件。

1993 年，Simulink 出现，这是基于框图的仿真平台，Simulink 挂接在 MATLAB 环境上，以 MATLAB 的强大计算功能为基础，以直观的模块框图进行仿真和计算。Simulink 提供了各种仿真工具，尤其是它不断扩展的、内容丰富的模块库，为系统的仿真提供了极大的便利。在 Simulink 平台上，拖拉和连接典型模块就可以绘制仿真对象的模型框图，并对模型进行仿真。在 Simulink 平台上，仿真模型的可读性很强，这就避免了在 MATLAB 窗口使用 MATLAB 命令和函数仿真时，需要熟悉记忆大量 M 函数的麻烦，对于广大工程技术人员来说，这无疑是福音。现在的 MATLAB 都捆绑了 Simulink，Simulink 的版本也在不断地升级，从 1993 年的 MATLAB 4.0 / Simulink 1.0 版到 2001 年的 MATLAB 6.1 / Simulink 4.1 版，2002 年即推出了 MATLAB 6.5 / Simulink 5.0 版。MATLAB 已经不再是单纯的“矩阵实验室”了，它成为一个高级计算和仿真平台。

从 Simulink 4.1 版开始，有了电力系统模块库（Power System Blockset），该模块库主要由加拿大 Hydro Quebec 和 TECSIM International 公司共同开发。在 Simulink 环境下用电力系统模块库的模块，可以方便地进行 RLC 电路、电力电子电路、电机控制系统和电力系统的仿真。本书中的电力电子电路仿真就是在 MATLAB / Simulink 环境下，主要使用电力系统模块库和 Simulink 两个模块库进行的。

5.2 Simulink/Power System 基本模块

在图 5-1 所示的界面左侧可以看到，整个 Simulink 工具箱是由若干个模块组构成的。在标准的 Simulink 工具箱中，包含连续模块组（Continuous）、离散模块组（Discrete）、函数与表模块组（Function&Tables)、数学运算模块组（Math）、非线性模块组（Nonlinear）、信号与系统模块组（Signals&Systems）、输出模块组 (Sinks)、信号源模块组（Sources）和子系统模块组（Subsystems）等。

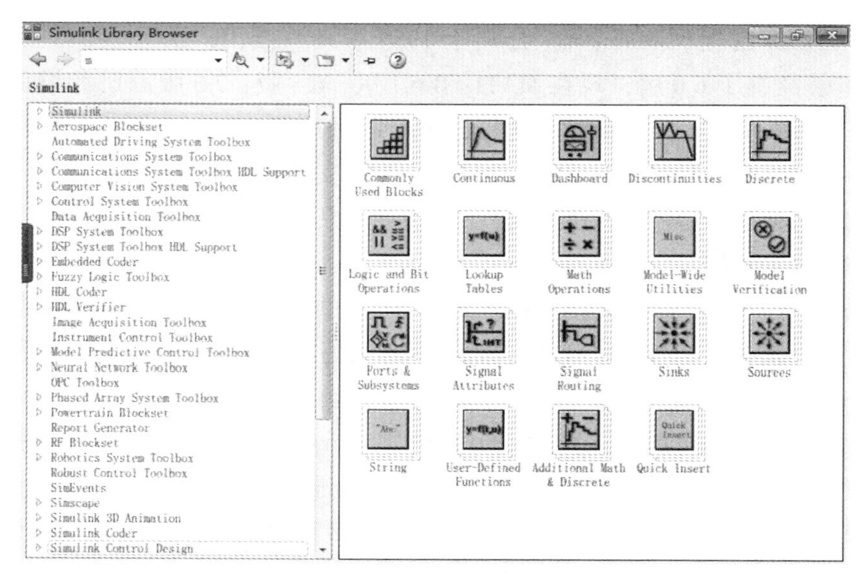

图 5-1 Simulink 工具箱

图 5-2 所示为连续模块组，这个模块组主要提供一些基本的高级运算，比如 Derivative 为导数运算，Integrator Second-Order 是求积分模块。PID Controller 是 PID 控制器模块，PID 是应用得最广泛的一种自动控制器。PID 控制算法是集比例、积分和微分三种环节于一体的控制算法，它是连续系统中技术最成熟、应用得最广泛的一种控制算法。

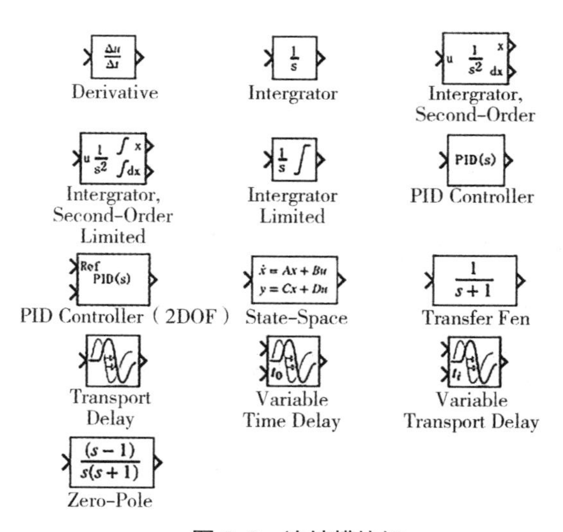

图 5-2 连续模块组

数学运算模块组如图 5-3 所示。顾名思义，数学运算模块组提供了基本的数学运算模块。例如，Abs 为绝对值模块，Add 为加法运算模块，Sqrt 为开方运算模块。

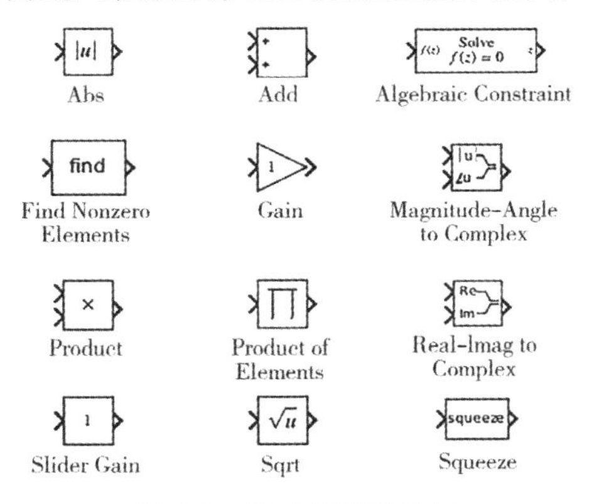

图 5-3　数学运算模块组

图 5-4 所示是$\sqrt{(1+20)/30}$算式的运算模型，模型调用了加法、乘除法、开方等三个运算模块，最后调用了一个 Display 模块输出结果，结果为 0.836 7。1、20、30 三个常数调用了 Constant 模块，该模块就是一个常数模块，可以修改为任何值。

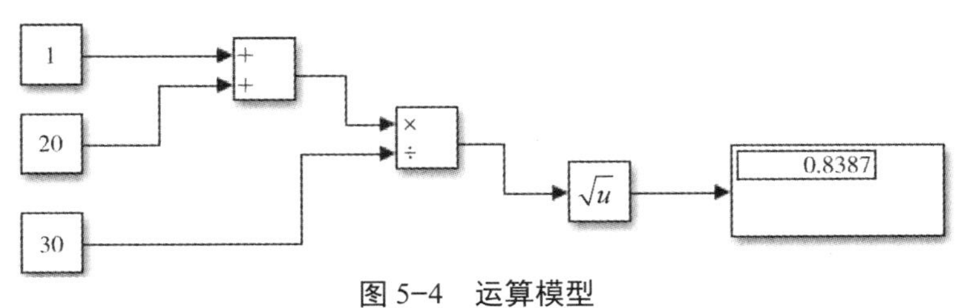

图 5-4　运算模型

非连续模块组如图 5-5 所示，这个模块在通信领域应用广泛，在电力电子行业也有应用。例如，Dead Zone 模块是死区非线性模块，Dead Zone Dynamic 是动态死区非线性模块。这两个模块在电力电子仿真中用得很多，主要用于控制 IBGT 的开关信号仿真。

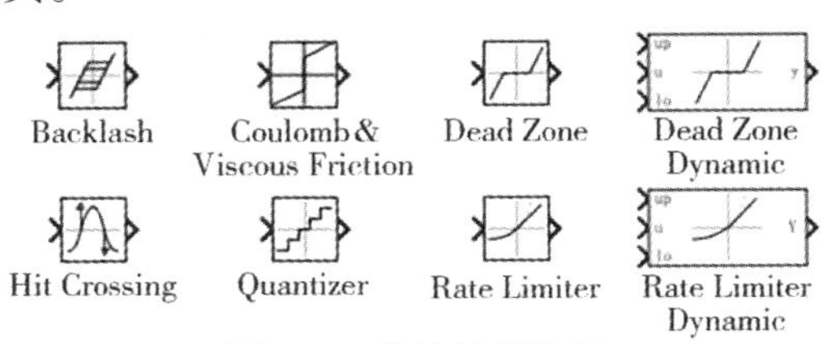

图 5-5　非连续模块组

电力电子系统仿真离不开电源模型，MATLAB 提供了目前市场上所有的电力和电子元件的模型，这里不再一一介绍。其中，2018 版本有专门的新能源模块，如图 5-6 所示的太阳能电池阵列模块以及风力发电的直驱模块和双馈模块。

MATLAB 也提供很多种储能电池模块，如图 5-7 所示，还提供了可以通过调节电池参数模拟不同容量的电池或者电池组，如图 5-8 所示。

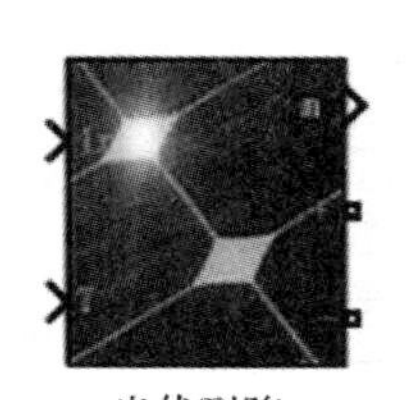

光伏列阵

双馈模块

直驱模块

图 5-6　新能源模块

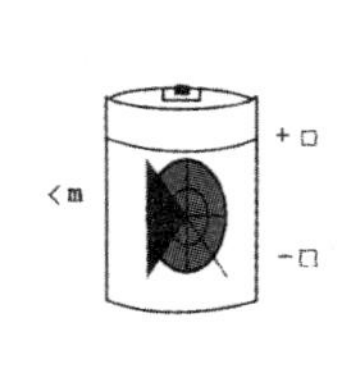

电池模块

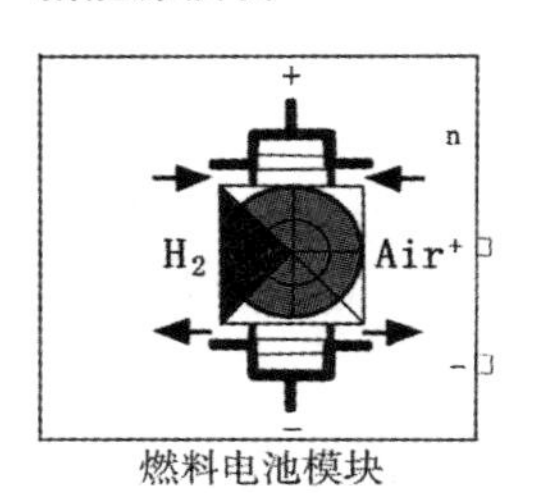

燃料电池模块

图 5-7　电池模块、燃料电池模块

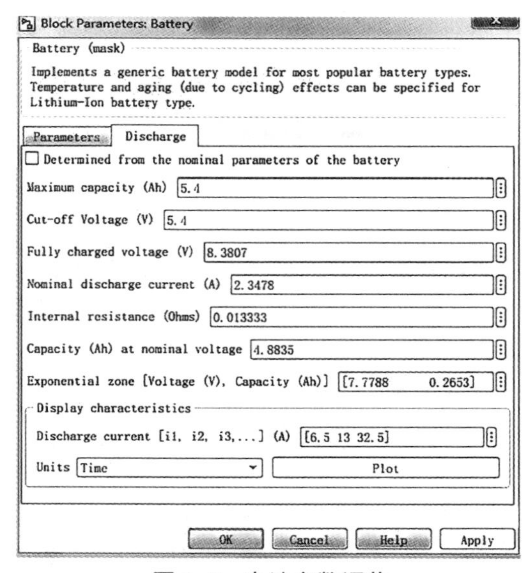

图 5-8　电池参数调节

测量模块组包括电压表、电流表、三相电压 - 电流表、多用表、阻抗表和各种附加的子模块组等基本模块。测量模块组中各基本模块及其图标如图 5-9 所示。

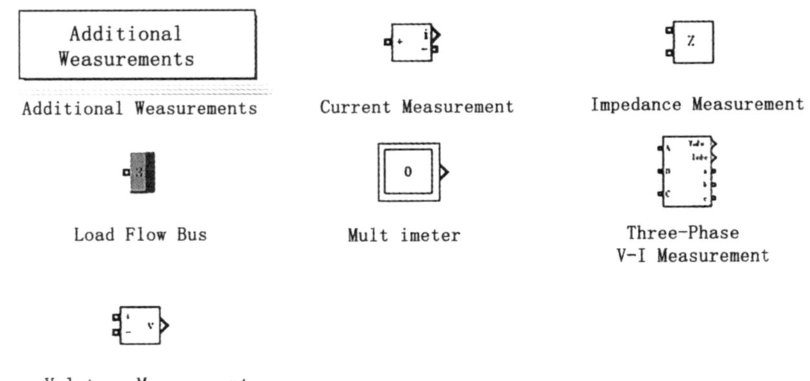

图 5-9 测量模块组

Sinks 接收器模块（见图 5-10），也可以称为示波器模块，是 MATLAB 最常用的模块，它们可以将仿真的结果以数字或更直观的波形呈现出来，就像研发人员使用的数字示波器。Sinks 模块跟测量模块前后相连，双击示波器模块就能输出相应的波形，而波形就是我们要研究的对象，如图 5-11 所示。

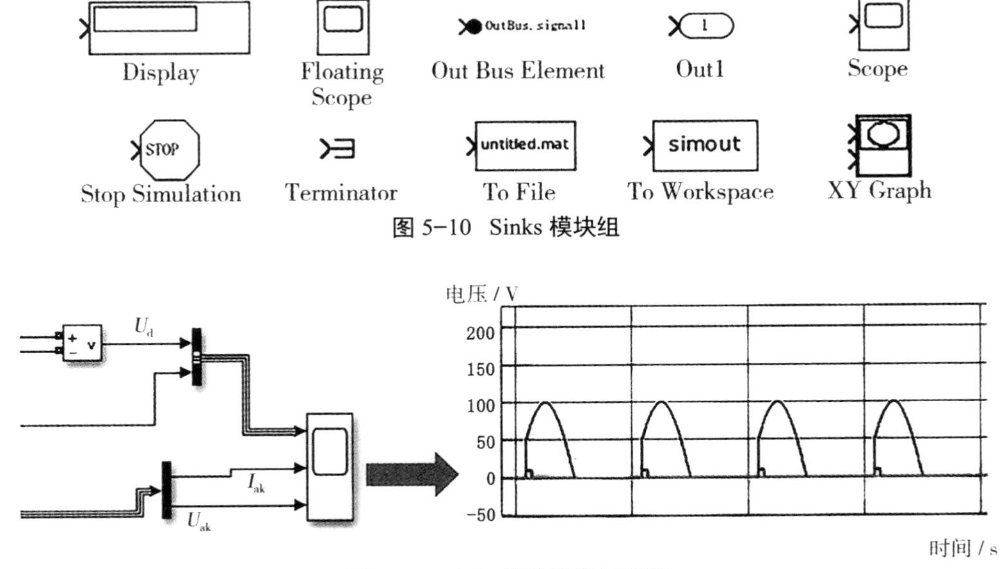

图 5-10 Sinks 模块组

图 5-11 Sinks 模块输出示意图

5.3 电力电子电路简介与仿真

5.3.1 整流电路

整流电路即把交流电变换成直流电的电路，是出现得最早、应用得最广的电力电子电路。人们最熟悉的老一代荧光灯就是这个原理。整流电路按控制程度可分为不可控整流电路、半控整流电路、全控整流电路；按交流电源相数可分为单相整流电路、三相整流电路和多相整流电路；按电路结构形式可分为半波整流电路、全波整流电路和桥式整流电路。

1. 单相半波可控整流电路

最简单的整流电路为单相半波可控整流电路结构，如图 5-12 所示。其原理为：当 $0 < \omega_t < \alpha$ 时，T 正向阻断，负载上电压 U_d 为零；当 $\omega_t = \alpha$ 时，T 被触发导通，负载上电压 U_d 等于电压 U_2；当 $\omega_t = \pi$ 时，U_2 电压过零，T 关断。

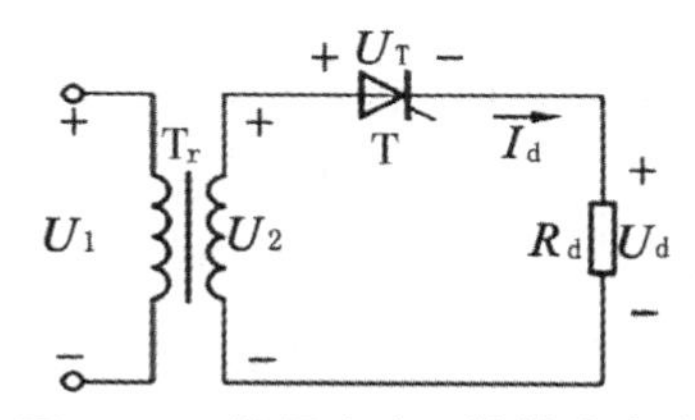

图 5-12　单相半波可控整流电路

依据结构图搭建 MATLAB 模型，如图 5-13 所示。

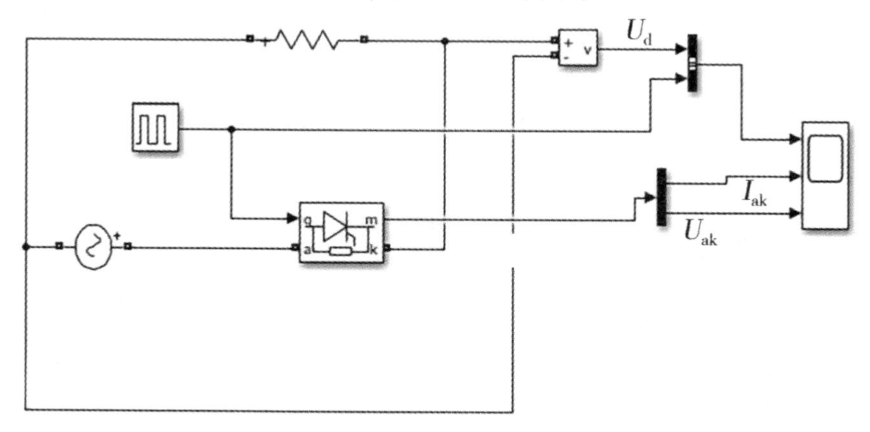

图 5-13　单相半波可控整流电路模型

交流电源电压为 100 V，频率为 50 Hz，初始相位为 0°，波形图如图 5-14 所示，从上到下为负载上的电压和信号脉冲（小方块）复合图、晶闸管的电流和电压。

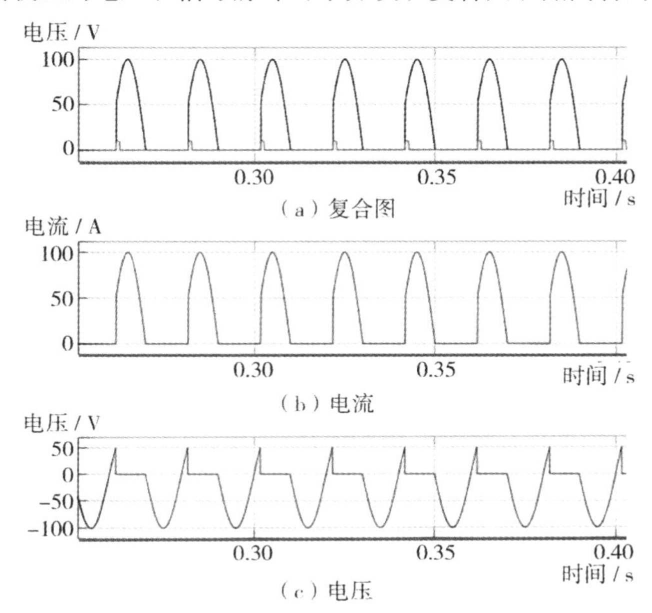

图 5-14 单相半波可控整流电路波形（初始相位为 0°）

交流电源电压为 100 V，频率为 50 Hz，初始相位为 60°，波形图如图 5-15 所示，从上到下为负载上的电压和信号脉冲（小方块）复合图、晶闸管的电流和电压。

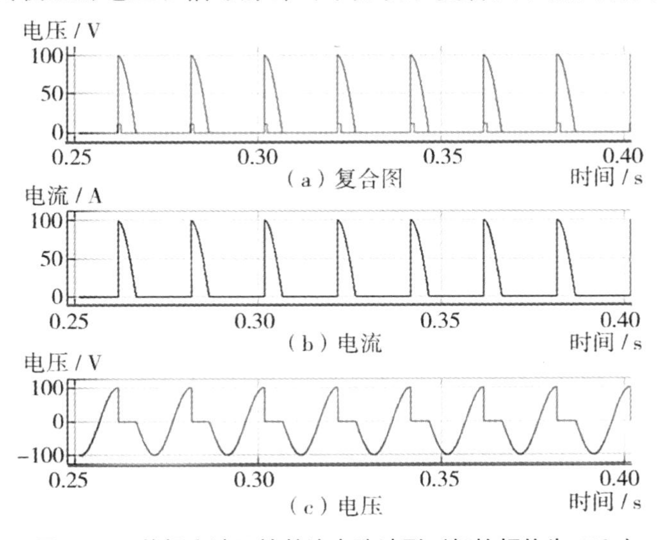

图 5-15 单相半波可控整流电路波形（初始相位为 60°）

对比图 5–14 和图 5–15 可以发现，初始相位的改变导致上述三个参数的波形和数值都有显著变化。

2. 单相桥式半控整流电路

单相桥式半控整流电路如图 5–16 所示。电路由交流电源、晶闸管、负载以及触发电路组成。改变晶闸管的控制角可以调节输出直流电压和电流的大小。

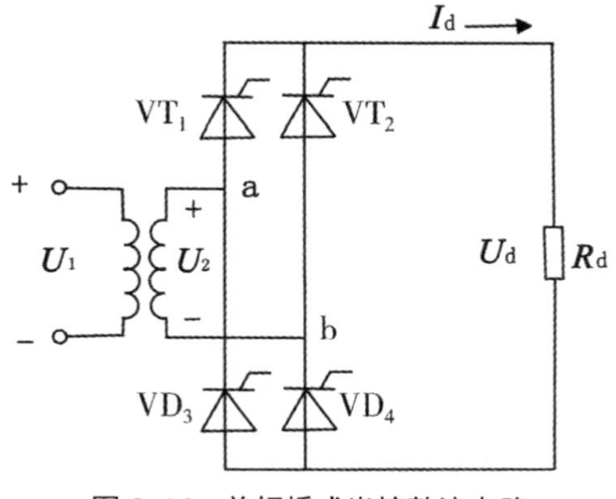

图 5–16　单相桥式半控整流电路

在单向桥式半控整流电路中，VT_1 和 VD_4 组成一对桥臂，VD_2 和 VT_3 组成另一对桥臂。

在 *U* 正半周（*a* 点电位高于 *b* 点电位），若 4 个管子均不导通，负载电流 *Id* 为零，U_d 也为零，VT_1、VD_4 串联承受电压 *U*，设 VT_1 和 VD_4 的漏电阻相等，则各承受 *U* 的一半。若在触发角处给 VT_1 加触发脉冲，VT_1 和 VD_4 即导通，电流从电源 *a* 端经 VT_1、*R*、VD_4 流回电源 *b* 端。当 *U* 过零时，流经晶闸管的电流也降到零，VT_1 和 VD_4 关断。

在 *U* 负半周，仍在触发延迟角 处触发 VD_2 和 VT_3，VD_2 和 VT_3 导通，电流从电源 *b* 端流出，经 VT_3、*R*、VD_2 流回电源 *a* 端。到 *U* 过零时，电流又降为零，VD_2 和 VT_3 关断。此后又是 VT_1 和 VD_4 导通，如此循环地工作下去。

按照图 5–16 结构制作单相桥式半控整流电路模型，如图 5–17 所示，其中电源参数为 220 V、50 Hz，初始相位为 0°, 负载为纯电阻阻值 1 Ω。输出波形如图 5–18 所示，从上到下分别为电源电压波形、负载电压波形、负载电流波形。需要提醒读者的是，模型输出的波形并不是唯一的。如果修改属性，如修改负载的属性和阻抗（值）以及电源的相位角进行修改（见图 5–19），则会得到与此图不同的波形。

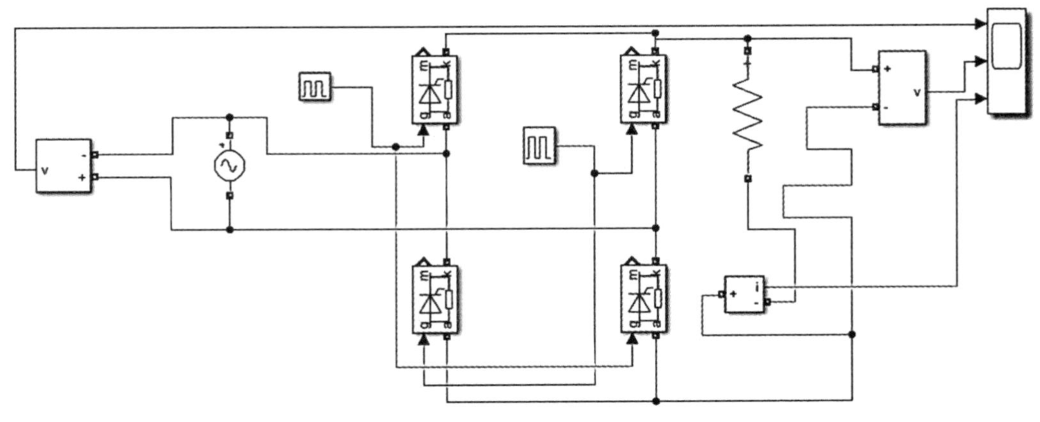

图 5-17　单相桥式半控整流电路模型

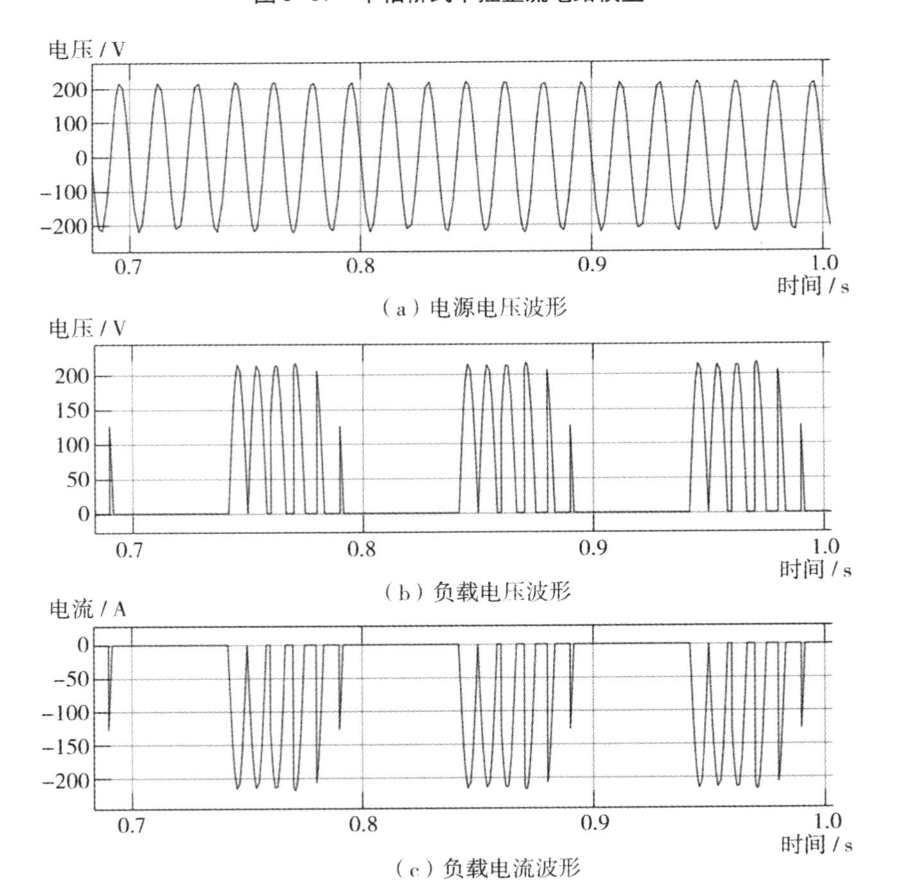

（a）电源电压波形

（b）负载电压波形

（c）负载电流波形

图 5-18　单相桥式半控整流电路波形

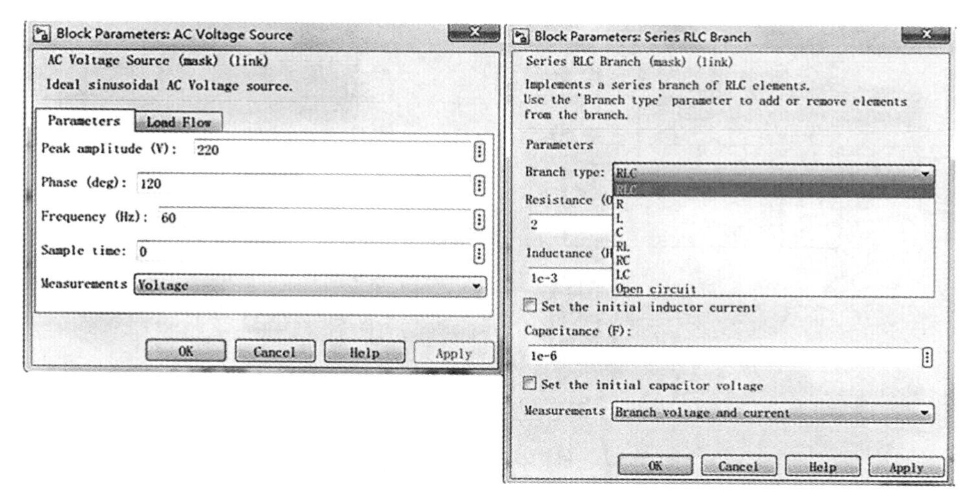

图 5-19　电源及负载属性标签

3. 单相桥式全控整流电路

单相桥式全控整流电路如图 5-20 所示，电路由交流电源、晶闸管、负载 R 以及触发电路组成。正半周触发晶闸管 VT_1 和 VT_3，负半周触发晶闸管 VT_2 和 VT_4，由于晶闸管的单向可控导电性能，因此在负载上可以得到方向不变的直流电，改变晶闸管的控制角，调节输出直流电压和电流的大小。

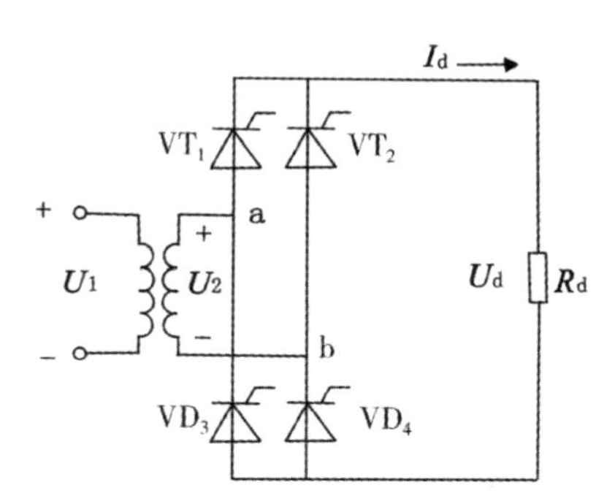

图 5-20　单相桥式全控整流电路

按照图 5-20 结构制作单相桥式全控整流电路模型，如图 5-21 所示。其中，电源参数为 220 V、50 Hz，初始相位为 320°，负载为 R_L（其中，电阻值为 1 Ω，感抗为 0.05 H）。输出波形如图 5-22 所示，从上到下分别为交流母线电流、交流母线电压、负载电流波形。

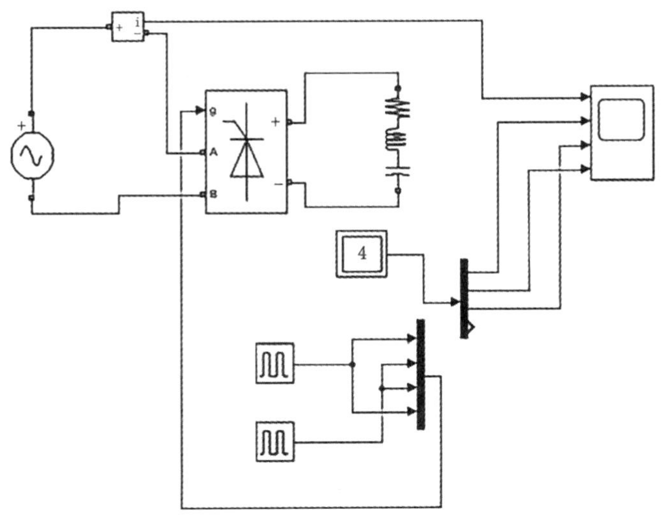

图 5-21　单相桥式全控整流电路模型

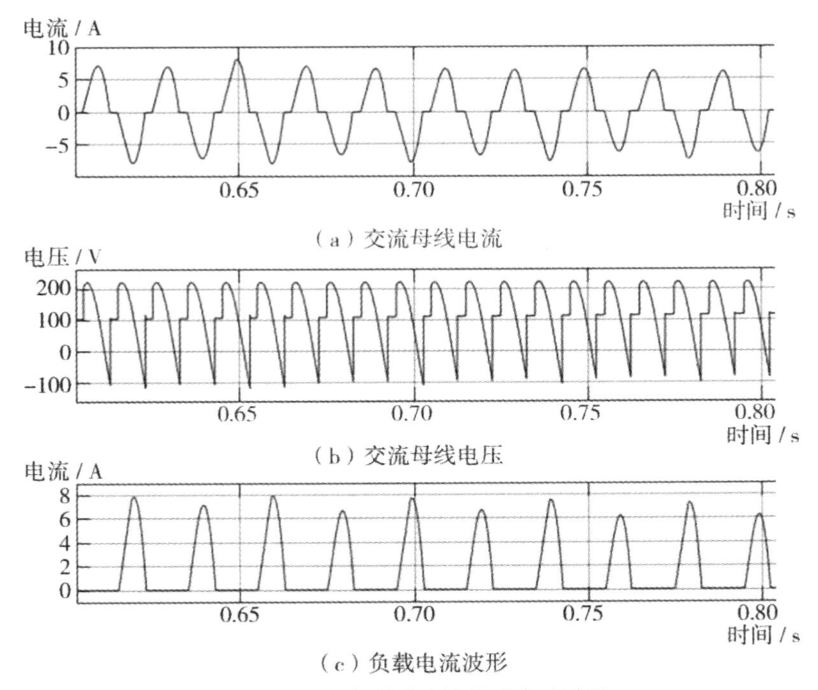

（a）交流母线电流

（b）交流母线电压

（c）负载电流波形

图 5-22　单相桥式全控整流电路波形

以上介绍了 3 个整流电路，并分别展示了整流电路的波形图。由波形图可见，简单的整流电路所产生的电压、电流波形畸变都相当严重，大规模、大功率地使用这类整流设备一定会冲击污染电网。

4. 十二脉冲整流器

谐波是电力系统的大敌。当今流行的大多数开关电源，其前置输入整流部分基本采用不控整流电路。直接接入电网的开关电源非常多，若不采取有效措施，这种采用二极管整流的不控整流环节由于其本身的非线性特性，会使网侧输入电流严重畸变，谐波含量多，降低设备的电磁兼容性能，给电网及其他用电设备带来许多危害，对电网产生严重的谐波污染。随着开关电源设备功率的增大，这种不控整流装置所产生的谐波更加严重，对电网的干扰也随之加大。

对于中小功率场合，采用 PFC 技术能够较好地解决问题。而在数十千瓦甚至上百千瓦的大功率场合下，往往采用多相整流技术，即采用增加整流器的输入相的方法，抑制甚至完全消除输入电流中某些特定次数的谐波，如十二相、十八相，甚至二十四相以上的多相整流电路，最常用的是十二脉冲整流的方法，是使用三相变压器电路使交流线电压实现相移，将 2 个三相桥式整流电路移相 30° 相位差并联或串联起来，达到完全消除输入电流中的高次谐波的目的。十二脉冲整流原理如图 5-23 所示。

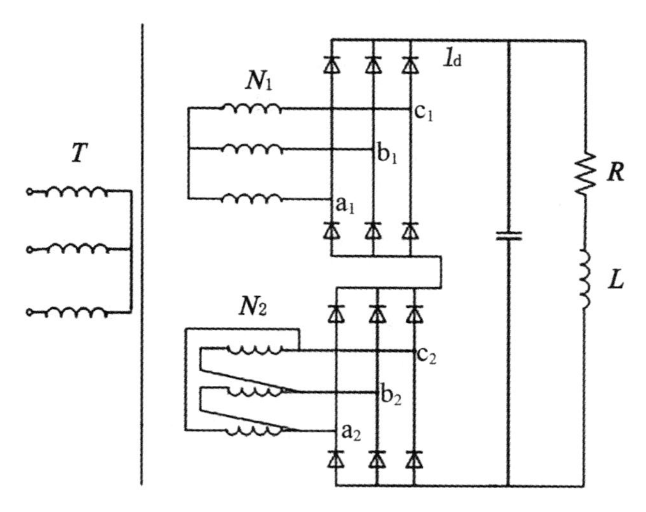

图 5-23　十二脉冲整流原理

按照图 5-23 制作十二脉冲整流的 MATLAB 模型，如图 5-24 所示。运行后输出的波形如图 5-25 所示。

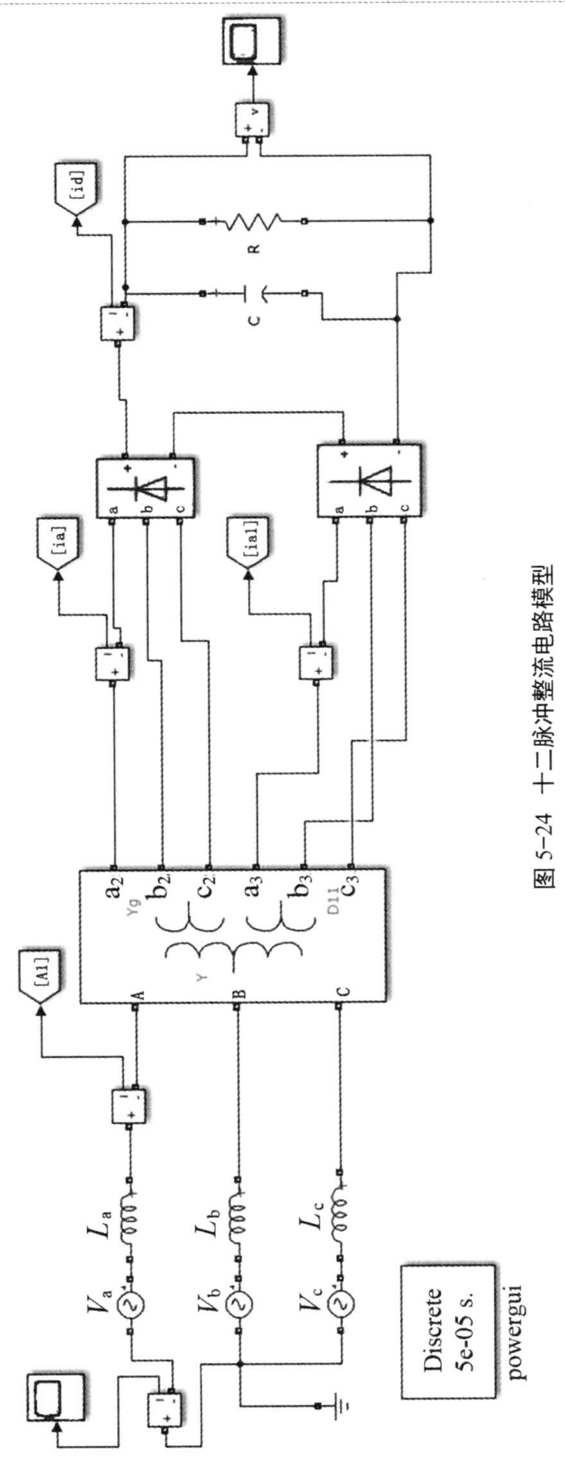

图 5-24 十二脉冲整流电路模型

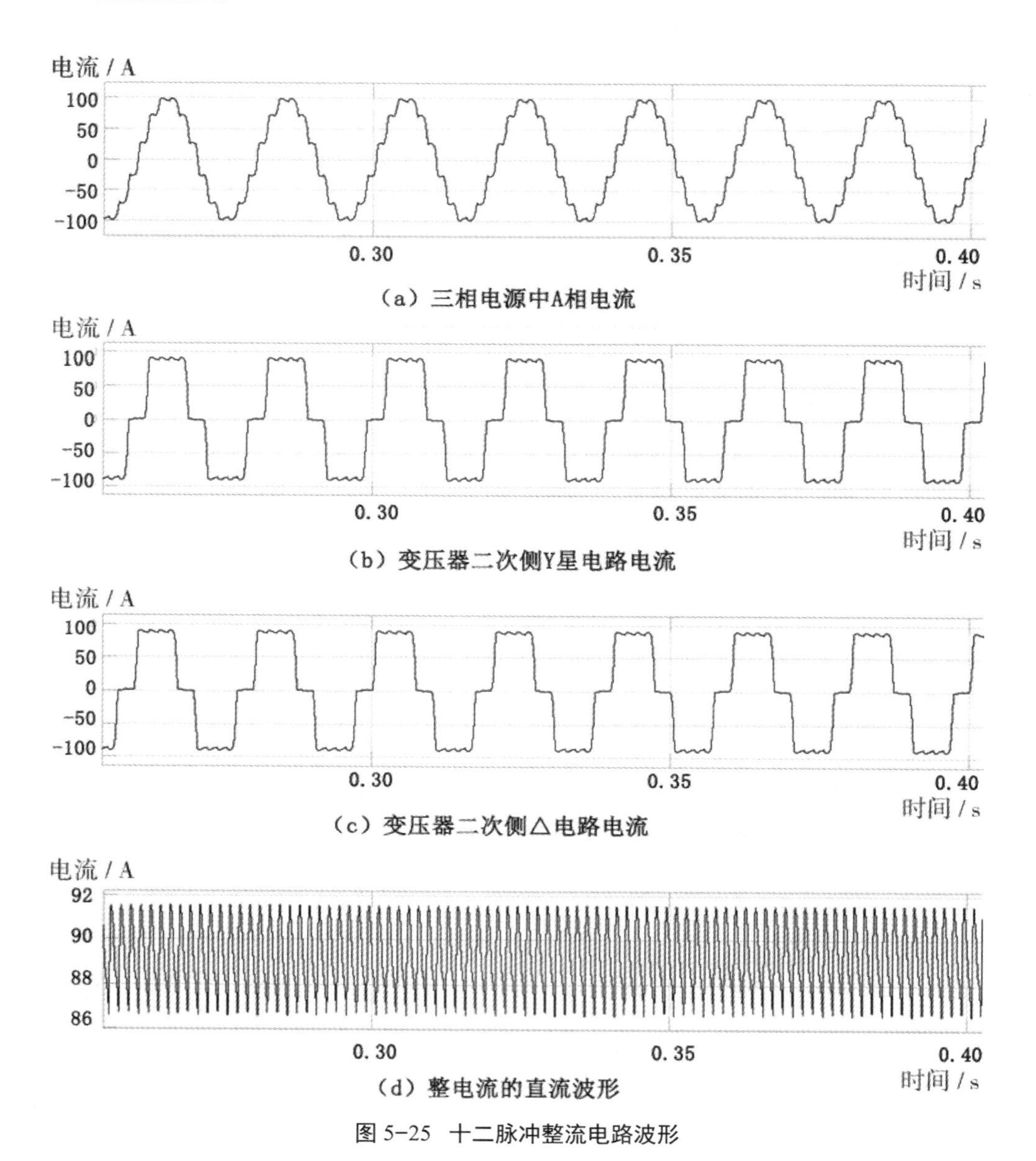

图 5-25　十二脉冲整流电路波形

从上到下分别为三相电源中 A 相电流、变压器二次侧星形电路电流波形、变压器二次侧△电路电流波形、整流后的直流电流波形。单击 Powergui 模块可以通过 FFT Analysis 选项进行 THD 分析。通过分析，变压器二次侧的电流谐波均在 26%左右，交流母线侧 A 相 THD 谐波为 10.13%（见图 5-26）。

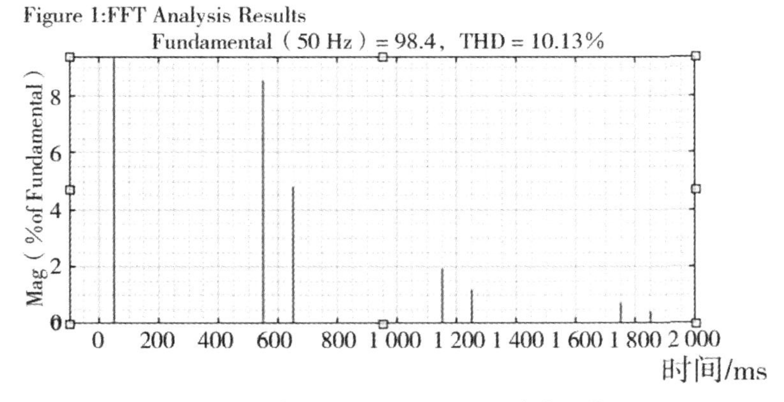

图 5-26 交流母线侧 A 相 THD 谐波频谱

5.3.2 逆变电路

逆变电路与整流电路相对应，把直流电变成交流电称为“逆变”。逆变电路可用于构成各种交流电源，在工业中得到广泛应用。最简单的逆变器并不是我们熟悉的“户用”3 kW 并网逆变器，而是车用的方波逆变器。

1. 单相桥式逆变电路

单相桥式逆变电路如图 5-27 所示，S_1 ～ S_4 是桥式电路的 4 个臂，由电力电子器件及辅助电路组成。S_1、S_4 闭合，S_2、S_3 断开时，负载电压 U_o 为正 S_1；S_1、S_4 断开，S_2、S_3 闭合时，U_o 为负，把直流电变成了交流电。改变两组开关切换频率，可改变输出交流电频率。

根据图 5-27 制作单相桥式逆变电路的模型，模型 S_1 ～ S_4 开关被封装在 Subsystem 左侧长方形如图 5-28 所示，输出的波形为方波，如图 5-29 所示。这种方波逆变器电路只能用于一些简单的非重要场合，比如汽车的点烟器、电热水壶等。

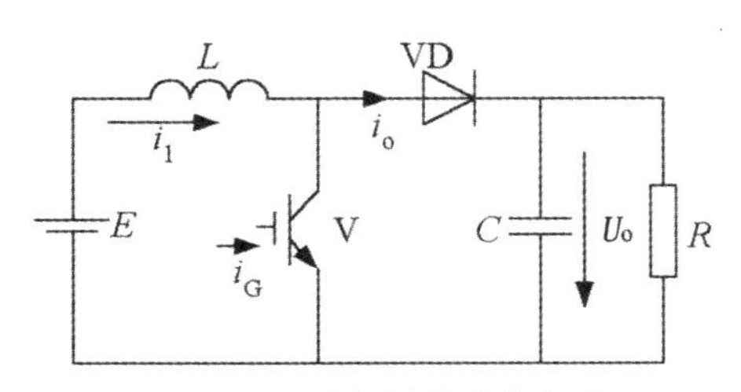

图 5-27 单相桥式逆变电路

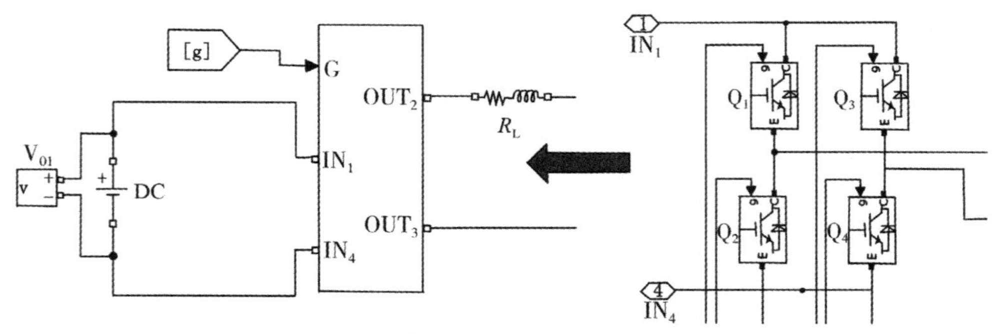

图 5-28　单相桥式逆变电路模型

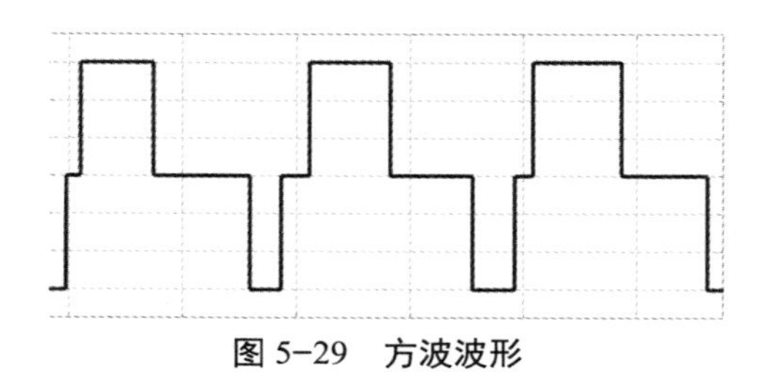

图 5-29　方波波形

2. PWM 原理

由于 UPS、变频设备、新能源并网设备等电力电子设备的广泛应用，仅仅输出方波的逆变器是不用满足需求的，因此引入了脉宽调制（PWM）。

PWM 就是对逆变电路开关器件（IGBT）的通断进行控制，使 IGBT 输出一系列幅值相等的脉冲，用这些脉冲来代替正弦波或所需要的波形，也就是在输出波形的每半个周期中产生多个脉冲，使各脉冲的等值电压为正弦波形。等值脉冲越多，输出的波形越平滑，低次谐波越少。按一定的规则对各脉冲的宽度进行调制，既可改变逆变电路输出电压的大小，也可改变输出频率。

图 5-30 所示把正弦半波波形分成 n 等份，就可把正弦半波看成由 n 个彼此相连的脉冲所组成的波形。这些脉冲宽度相等，都等于 π/n，但幅值不等，且脉冲顶部不是水平直线，而是曲线，各脉冲的幅值按正弦规律变化。如果把上述脉冲序列用同样数量的等幅（高度）而不等宽的矩形脉冲序列代替，使矩形脉冲的中点和相应正弦等分的中点重合，且矩形脉冲和相应正弦部分面积（冲量）相等，就会得到一组脉冲序列，这就是 PWM 波形。可以看出，各脉冲宽度是按正弦规律变化的。根据冲量相等效果相同的原理，PWM 波形和正弦半波是等效的。对于正弦的负半周，也可以用同样的方法得到 PWM 波形。

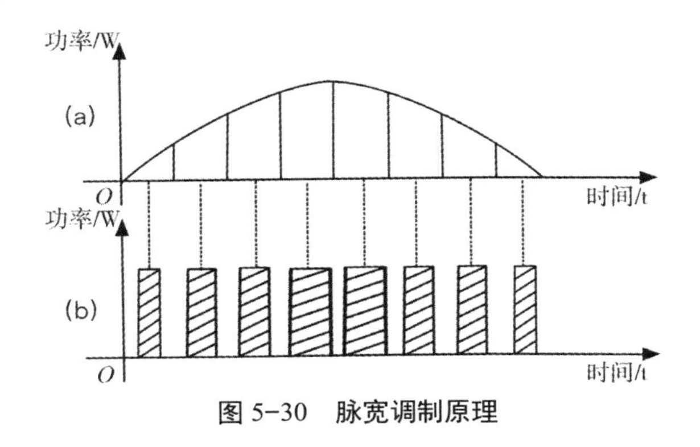

图 5-30 脉宽调制原理

3. PWM 逆变器

以单相户用并网逆变器为例。首先，并网逆变器的拓扑与图 5-27 的单相桥式逆变电路并没有很大的差异，只不过并网逆变的“开关”S_1 ～ S_4 使用的是 IGBT，比传统的晶闸管要贵得多，而且 IGBT 是可以进行复杂编程的。比如，晶闸管只能开和关，IGBT 可以决定怎么开、开多少，所以波形更精确。图 5-31 的逆变电路模型和图 5-28 的电路模型（4 个开关）没有什么区别。双击左侧电子开关图样的方块，会弹出属性窗口。在属性窗口中可以更改电路属性。“Number of bridge arms”选项中“2”表示 2 个桥臂，这样做出的模型就是单相逆变器；如果改成“3”则表示 3 个桥臂，这样做出的模型就是三相逆变器（见图 5-32）。

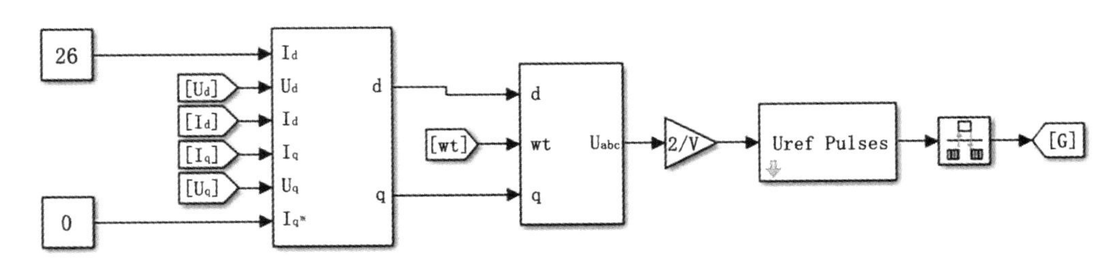

图 5-31 逆变器电路模型

PWM 逆变器最复杂的技术在于“Controller”模块（见图 5-31），该模块是向 IGBT 提供如何“开关”指令的。双击“Controller”模块会弹出图 5-33 和图 5-34 所示的算法模型。

使用 PWM 算法搭建模型后输出波形如图 5-35 所示，可见逆变器输出的电压波形和电流波形（见图 5-36）是符合脉宽调制原理的。

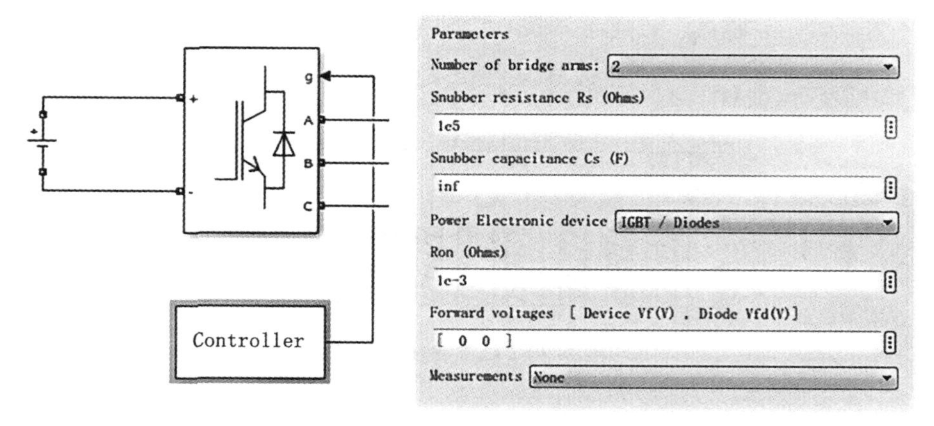

图 5-32　三桥臂模型

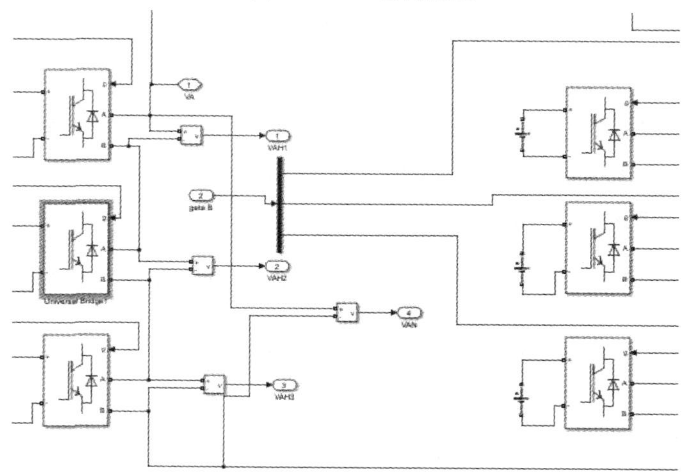

图 5-33　逆变器电路算法模型 1

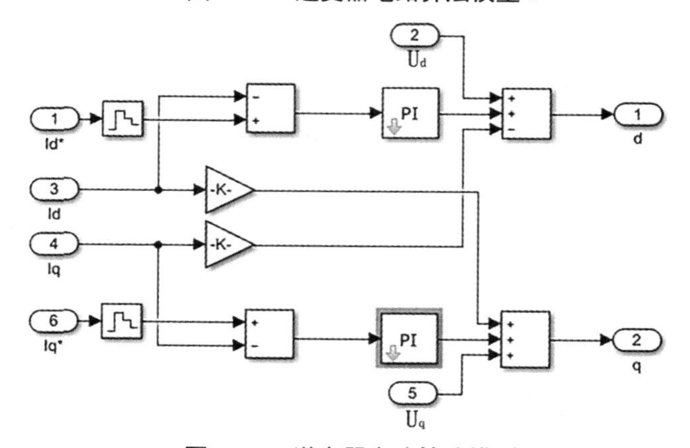

图 5-34　逆变器电路算法模型 2

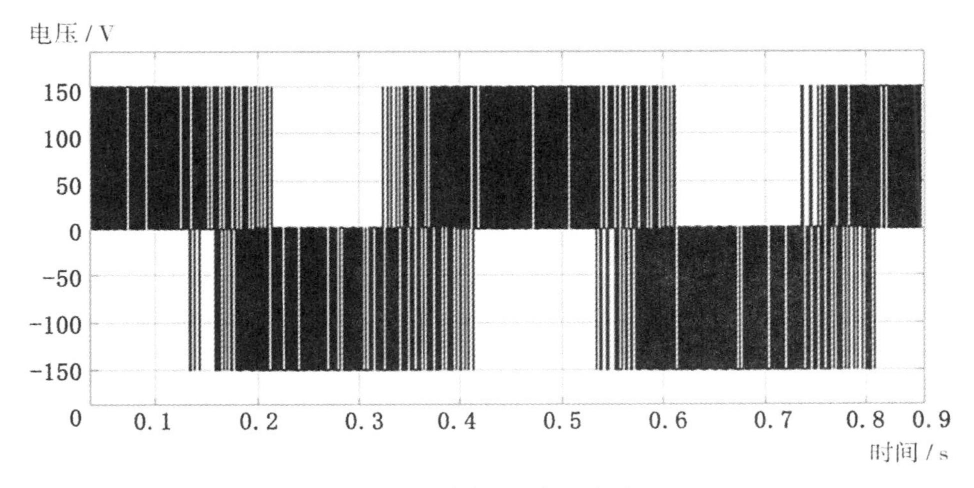

图 5-35 脉宽调制电压波形 1

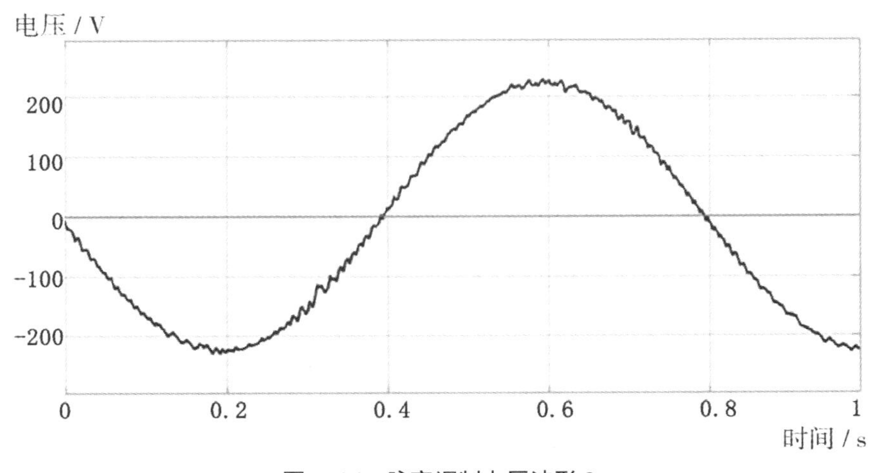

图 5-36 脉宽调制电压波形 2

4. 多电平逆变器

由于图 5-37 的电流波形谐波（并不十分光滑）还是比较大，并不适合很多精密电子仪器的要求，同样地，大功率、高压设备都需要使用谐波更小的逆变技术。例如，光伏行业的组串式逆变器都使用了如图 5-37 所示的 T 形结构三电平模型。

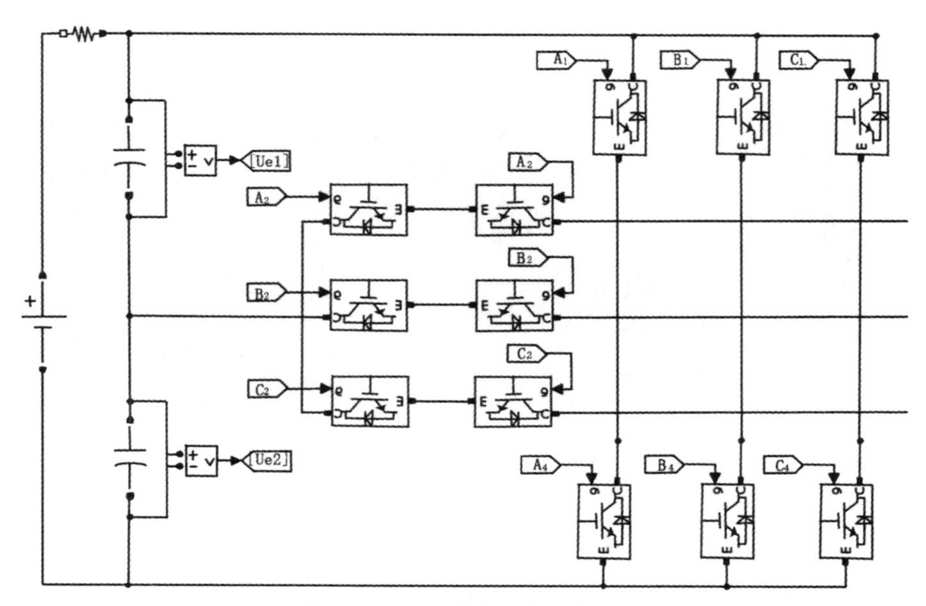

图 5-37　T 形结构三电平模型

什么是三电平？三电平电压波形如图 5-38 所示，图 5-35 所示是二电平电压波形。图 5-35 有一个最大值 U_d，一个最小值 $-U_d$，还有一个 0 值。（0，$\pm U_d$）两个值就构成二电平。三电平由（0，$\pm U_d/2$，$\pm U_d$）三个值构成 3 个电平，就称为“三电平”。图 5-39 所示是七电平电压波形，是由（0，$\pm U_d/6$，$\pm U_d/3$，$\pm U_d/2$，$\pm 2/3U_d$，$\pm 5/6U_d$，$\pm U_d$）七个值组成。

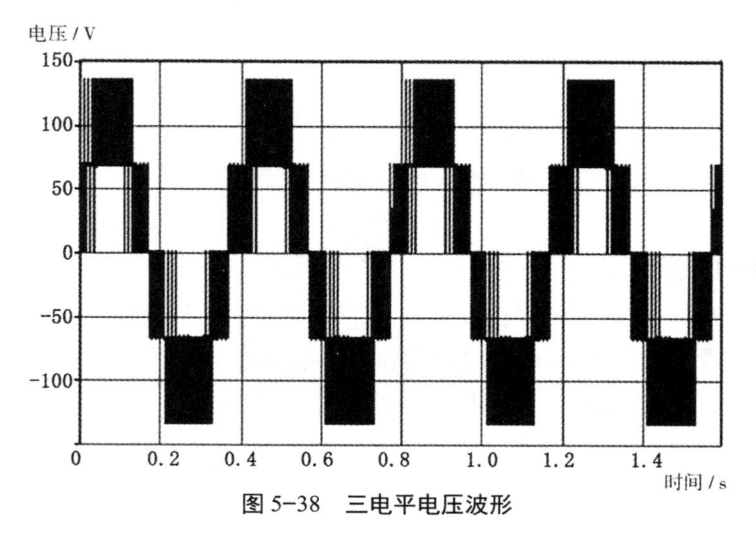

图 5-38　三电平电压波形

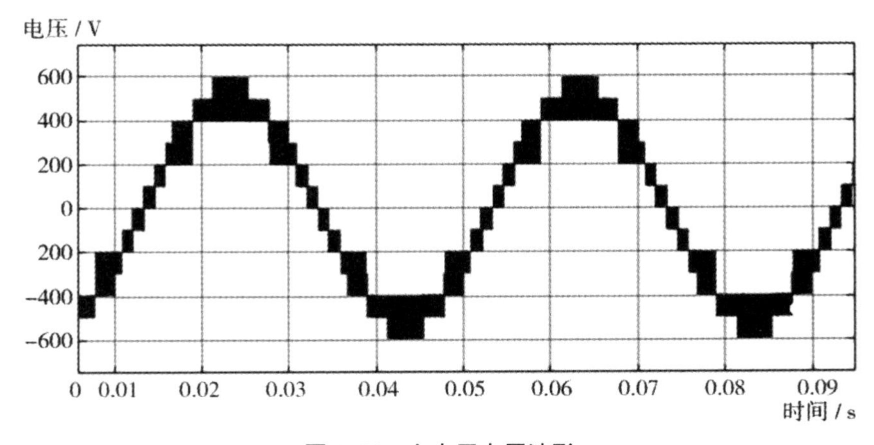

图 5-39　七电平电压波形

由图 5-39 可见，电平越高，波形越接近正弦波。与传统两电平逆变器以及三电平逆变器相比，采用七电平逆变器的输出电压波形畸变率会大大减小，输出波形质量将得到很大改善。

按照图 5-40 七电平原理制作模型如图 5-41 所示，输出电流波形如图 5-42 所示。由此可见，输出的电流曲线相当平滑，波形畸变率很小。

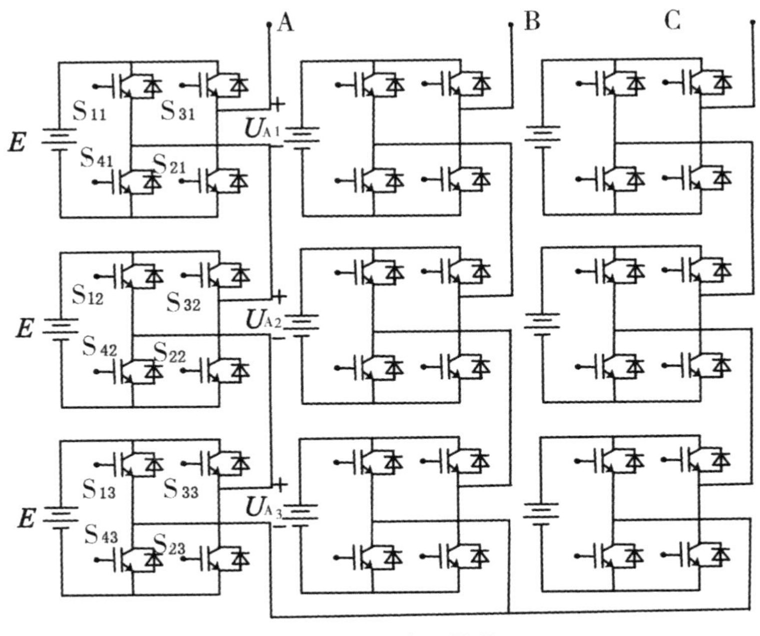

图 5-40　七电平原理

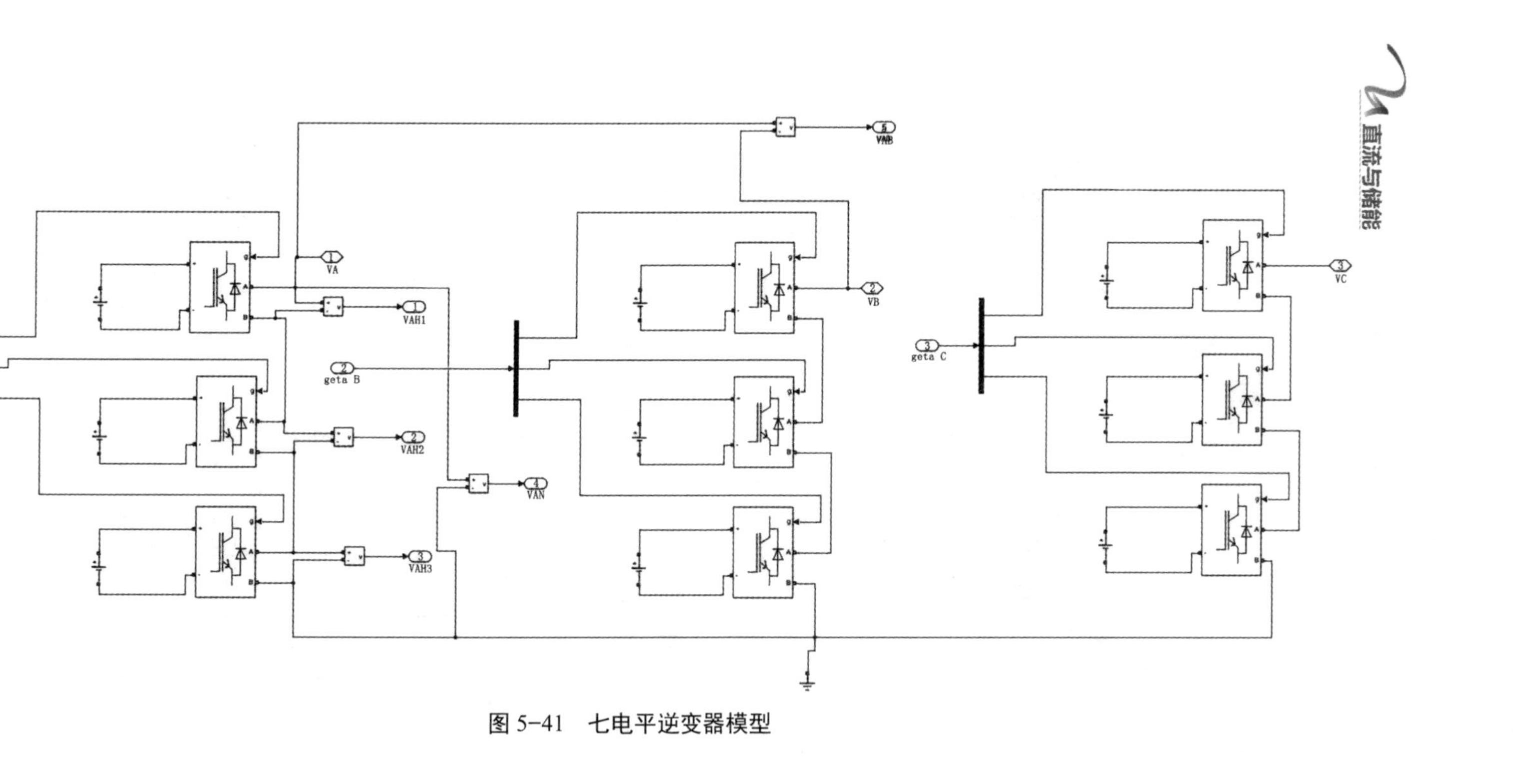

图 5-41　七电平逆变器模型

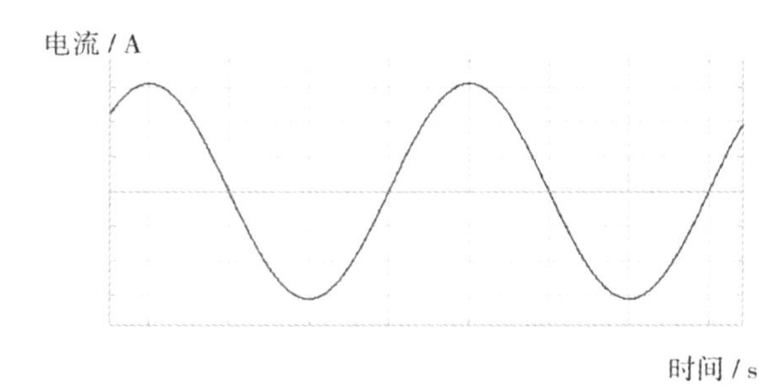

图 5-42 七电平逆变器输出电流曲线

目前，在市场上，大功率的高压多电平逆变器已有产品大量投入市场，并应用于电力机车牵引、船舶电力推进、轧钢、造纸、油气田、无功补偿等高性能系统中。从成本来看，电平越高，所使用的 MOS、IGBT、GTO 等电力电子开关就越多。图 5-40 中七电平需要 36 个开关，而三电平只需 12 个开关。因此，三电平的市场占有率最大；其次是五电平；最后是七次、九次以及更高次的逆变器，但应用场合更尖端。大家可以参考国内外主流的 UPS、变频器厂家的产品。

逆变器在应用领域主要分电压源逆变器和电流源逆变器，绝大部分的逆变器都是电压源逆变器，电流源逆变器只有一种类型，就是新能源从业者熟悉的并网逆变器，无论是电压源还是电流源逆变器，电路结构都是一样的，区别主要是驱动 IBGT 等电力电子开关的算法。

5.3.3 升降压电路

交流电的升降压是靠变压器，调整变压器绕组的匝数即可，这里不再赘述。用 MATLAB 制作简单的模型如图 5-43 所示，一个是常用的 Y-Y 变压器，另一个是三相交流电源。两个电压表分别测量一次侧和二次侧的电压，波形如图 5-44 所示。变压器一、二次侧电压波形，图中 5-44（a）为二次侧，5-44（b）为一次侧（可参考左侧刻度），该变压器是一个降压变压器。

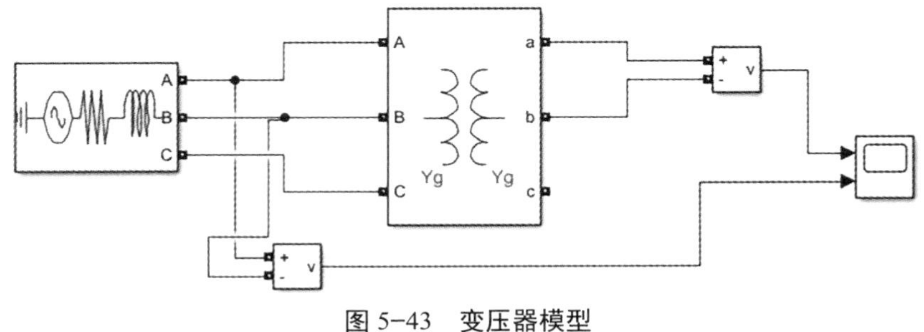

图 5-43 变压器模型

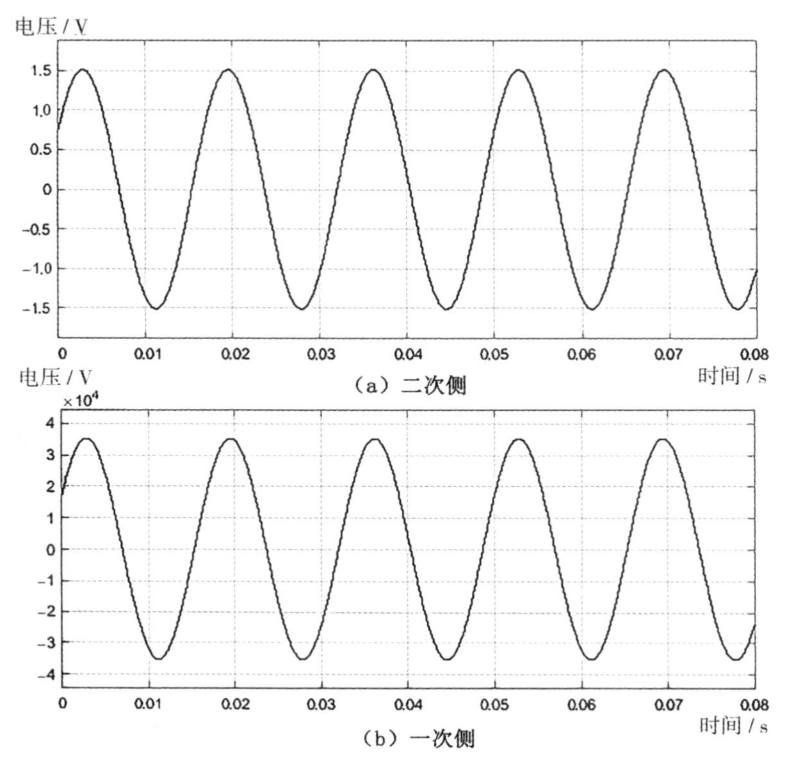

图 5-44　变压器高低压侧电压波形

1. 直流升压电路

爱迪生发明的直流电之所以没能得到大规模的应用，是因为在当时的技术条件下，没有办法将直流电转换成用电设备所需要的电压。如今半导体行业兴起，电力电子开关的广泛应用，让直流换流（升、降压）变得简单。

假设电路中电感 L 值很大，电容 C 值也很大，当电子开关 V 处于通态时，电源 E 向电感 L 充电，充电电流基本恒定为 I_1，同时电容 C 上的电压向负载 R 供电，因 C 值很大，基本保持输出电压 U_0 为恒定值，记为 U_0。

设 V 处于通态的时间为 t_{on}（$t_{on}+t_{off}=T$），此阶段电感 L 上积蓄的能量为 EI_1t_{on}。当 V 处于断态时，电源 E 和电感 L 同时向电容 C 充电并向负载提供能量。设 V 处于断态的时间为 t_{off}，则此期间电感 L 释放能量为（U_0-E）I_1t_{off}。当电路工作与稳态时，一个周期 T 中电感 L 积蓄能量与释放能量相等。即

$$EI_1t_{on}=(U_0-E)I_1t_{off} \tag{5-1}$$

化简得

$$U_0=[(t_{on}+t_{off})/t_{off}]E=(T/t_{off})E \qquad (5\text{-}2)$$

输出电压高于电源电压，故称该电路为“升压斩波电路”。按照图 5-45 制作模型，如图 5-46 所示。

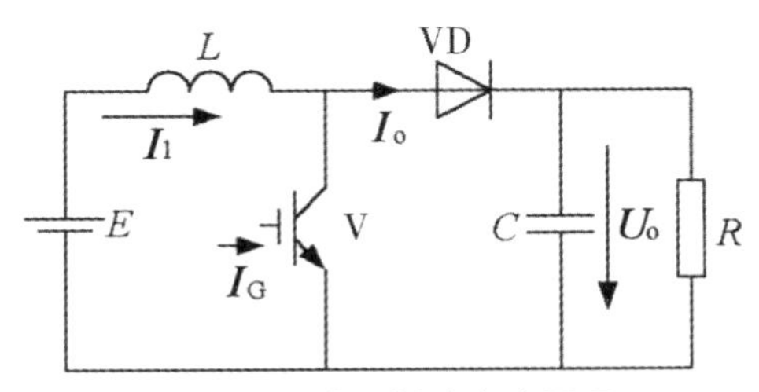

图 5-45　升压斩波电路原理

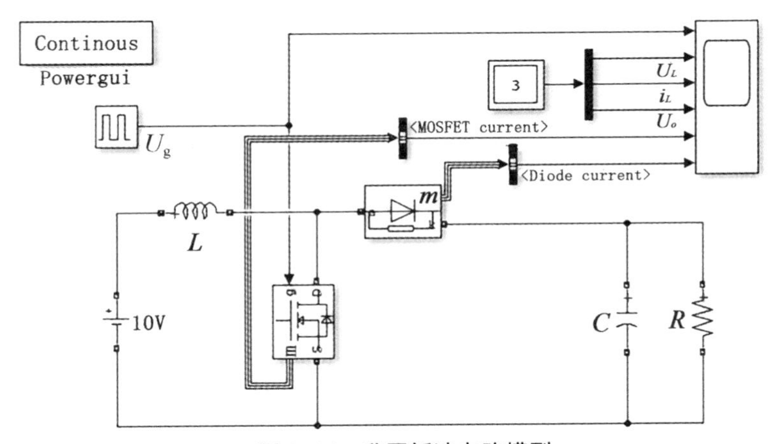

图 5-46　升压斩波电路模型

模型通过左上角有“脉冲”波形图案的“Pulse”模块调节开关参数 t_{on}/T=0.5（占空比）。当直流电源电压为 10 V 时，输出波形如图 5-47 所示。由图 5-47（a）可见输出电压 U_0 为 20 V，直流升压了 2 倍。将开关参数调整为 t_{on}/T=0.3，输出电压 U_0 为 15 V，如图 5-47（b）所示。

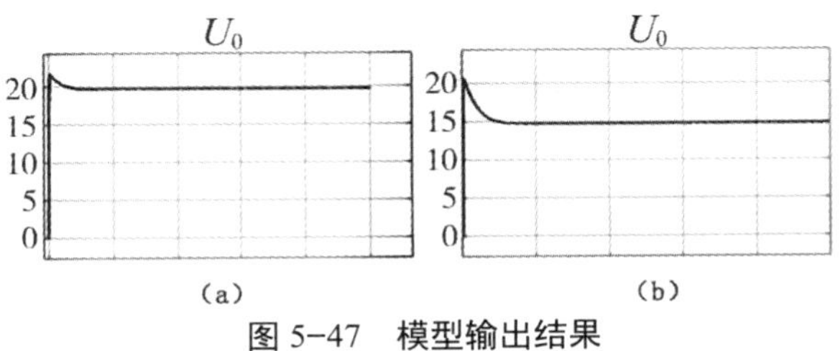

图 5-47　模型输出结果

2. 直流降压电路

当 V 处于通态时，电源向负载供电，$U_D=E$；当 V 处于断态时，负载电流经二极管 D 续流，电压 U_D 近似为零，至一个周期 T 结束。再驱动 V 导通，重复上一期的过程。负载电压的平均值为

$$U_0=\frac{t_{on}}{t_{on}+t_{off}}E=\frac{t_{on}}{T}E=\alpha E \tag{5-3}$$

式中：t_{on}——V 处于通态的时间；

t_{off}——V 处于断态的时间；

T——开关周期；

α——导通占空比，简称“占空比”或“导通比”($\alpha=t_{on}/T$)。

由此可知，输出到负载的电压平均值 U_o 最大为 E，若减小占空比 α，则 U_o 随之减小，由于输出电压低于输入电压，故称该电路为“降压斩波电路”。按照图 5-48 制作模型如图 5-49 所示。

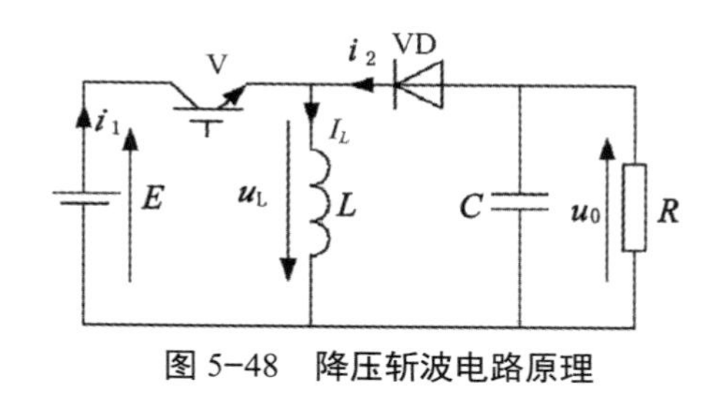

图 5-48　降压斩波电路原理

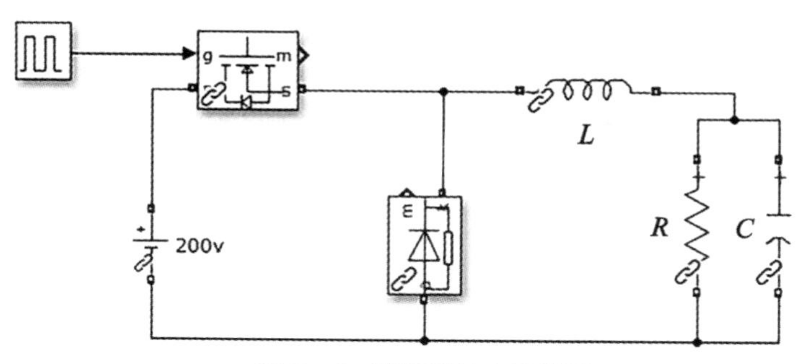

图 5-49　降压斩波电路模型

在模型图 5-49 中设置占空比为 50%，已知直流电源电压为 200 V。测量负载 R 两端电压波形为 102 V，设置占空比为 30%，测量负载 R 两端电压波形为 68.8 V。结果符合公式（5-3）的推导，图 5-50 所示为降压斩波电路输出直流波形。

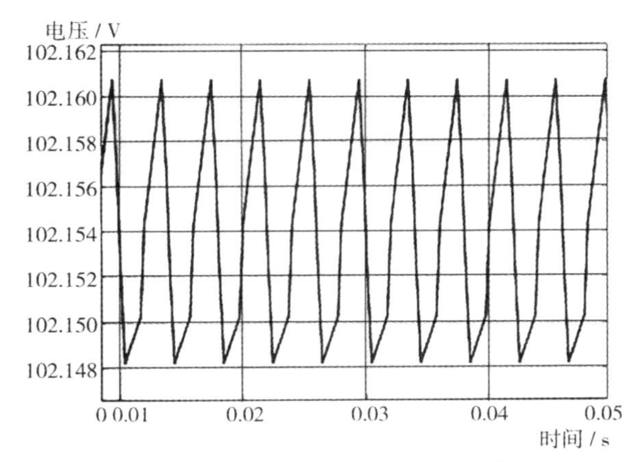

图 5-50 降压斩波电路输出直流波形

5.3.4 变频电路

所谓变频即把 50 Hz 的市电改变成用电设备所需要的频率，可以大于 50 Hz，也可以小于 50 Hz。变频器集成了整流和逆变两部分电路，其原理如图 5-51 所示。这里需要特别说明的是，变频器里面的储能部分并不是外接的蓄电池，而是电容，一般用的是薄膜电容，有些特殊的设备也用超级电容。如果这里的储能部分用了铅酸或锂电池，这个电路就是不间断电源（UPS）的原理图。

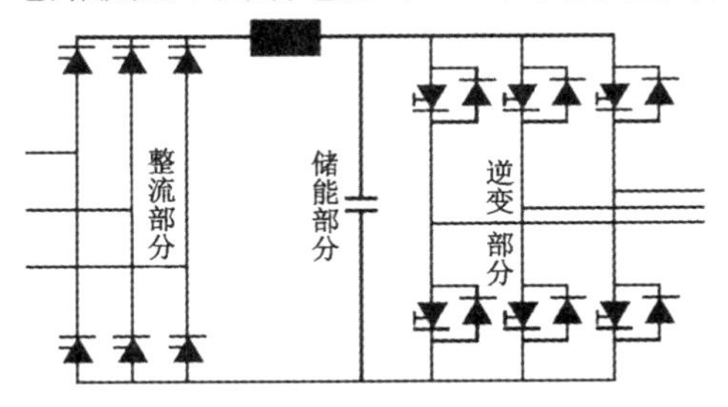

图 5-51 变频原理

之所以变频器可以节能，是因为风机、泵类负载的功耗与转速的三次方成正比。当用户需要的流量较小时，采用变频调速降低风机转速，起到节能效果。现在的变频空调就是利用了这个原理。

很多大型设备在启动时对电网有很大的冲击，变压器容量设计不足导致设备无法正常启动，这时就需要一个“软启动”，其实就是需要一个变频器在设备和电网之间做一个缓冲。

冶金行业使用很多频率不同的熔炉，如中频炉、高频炉，也需要变频器进行变频。

根据变频器的原理，用 MATLAB 制作模型（见图 5-52），模型没有整流部分，用一个直流电源模拟了储能部分。模型可以模拟直流电源转换成不同频率的交流电源，其电路部分很简单，只有一个逆变桥模块。

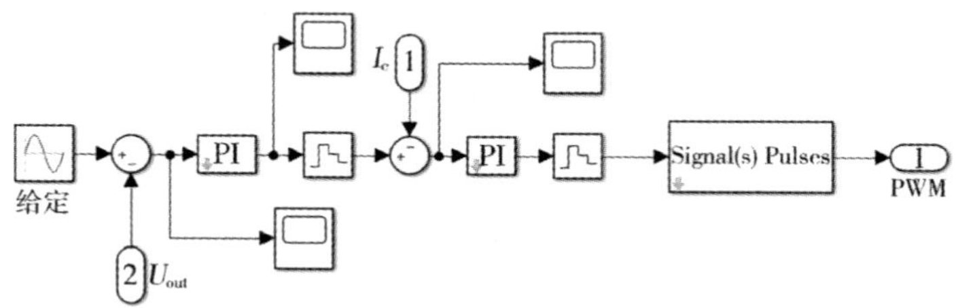

图 5-52　变频器主电路模型

双击图 5-53 变频器算法模块“给定”模块，弹出属性设置表单（见图 5-54），修改所需要的数值，主要修改频率（Frequency）选项，这里把频率修改为“2*pi*100”（每秒 200 π 弧度，换算成角度是 100 × 360°，每秒 100 周即 100 Hz）。

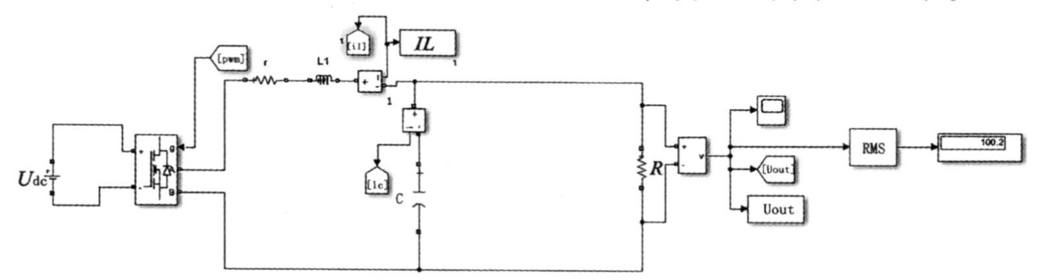

图 5-53　变频器 PWM 算法模块

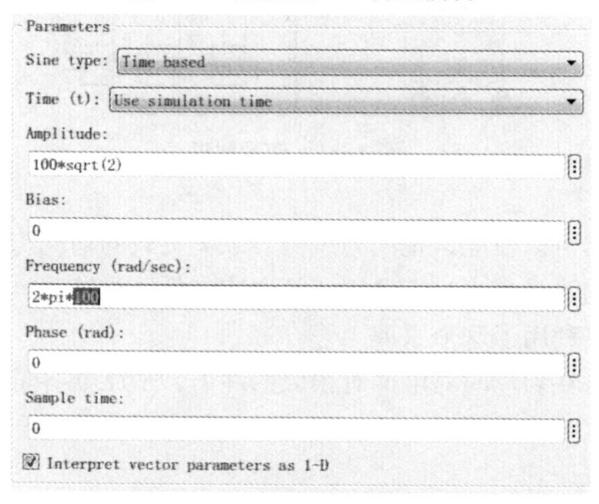

图 5-54　模型属性设置表单

由于 MATLAB 测量频率需要锁相环技术相对麻烦，这里在波形图上直接进行测量。选取两个相邻的波峰 1、2 两个点，右侧测量频率数据为 99.823 Hz，如图 5–55 所示。

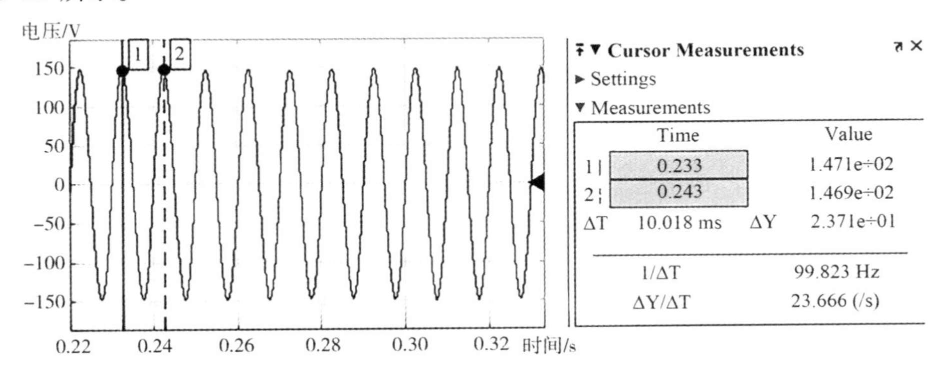

图 5–55　输出波形和测量数据 1

频率设置为“2*pi*30”，运行后输出波形如图 5–56 所示。经测量波形频率为 29.891 Hz。这里需要说明的是，测量是手动测量，需要手动寻找相邻的两个波峰或者波谷，所以会有一定的误差。

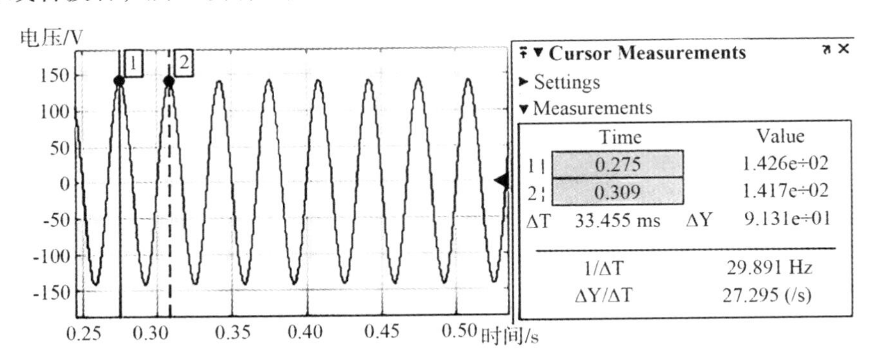

图 5–56　输出波形和测量数据 2

第6章　燃料电池

2019 年两会期间，氢能被首次写入政府工作报告——“继续执行新能源汽车购置优惠政策，推动充电、加氢等设施建设”。对于氢能来说，这是第一次在国家政府工作报告中被提及，具有重大意义。

谈起燃料电池技术，很多人会认为是一个全新的、“高大上”的但未必成熟的技术。其实不然，燃料电池很早就在军事领域得到了应用和研究，如德国海军的 212A 级和 214 级 AIP 不依赖空气推进装置技术潜艇就使用了燃料电池技术。

6.1　燃料电池技术综述

燃料电池是将燃料与氧化剂的化学能通过电化学反应直接转换成电能的发电装置，其工作原理如图 6-1 所示。燃料电池理论上可在接近 100%的热效率下运行，实际接近 60%～80%的效率，具有很高的经济性。目前，实际运行的各种燃料电池由于种种技术因素的限制，再考虑整个装置系统的耗能，总的转换效率多在 45%～60%，如考虑排热利用可达 80%以上。此外，燃料电池装置不含或含有很少的运动部件，工作可靠，较少需要维修，且比传统发电机组安静。另外，电化学反应清洁、完全，很少产生有害物质。所有这一切都使燃料电池被视作一种很有发展前途的能源动力装置[①]。

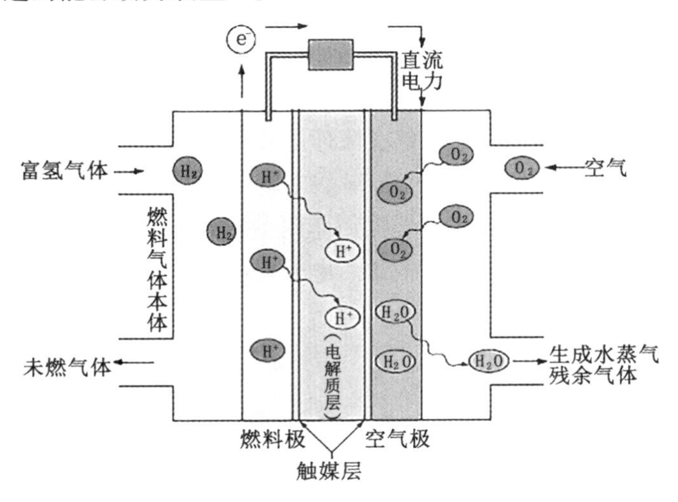

图 6-1 燃料电池通用原理

燃料电池按燃料电解质的类型来分类，可分为碱性燃料电池（Alkaline Fuel Cell，AFC）、磷酸燃料电池（Phosphoric Acid Fuel Cell，PAFC）、熔融碳酸盐燃料电池（Molten Carbonate Fuel Cell，MCFC）、质子交换膜燃料电池（Polymer Electrolyte Membrane Fuel Cell，PEMFC）、固体氧化物燃料电池（Solid Oxide Fuel Cell，SOFC）和直接甲醇燃料电池（Direct Methanol Fuel Cell，DMFC）六大类。

6.1.1 碱性燃料电池（AFC）

碱性燃料电池是发展得最早的一种电池，这种电池主要为空间站和航天飞机提供动力和饮用水。其电极反应如下：

阴极反应为

$$2H_2 + 4OH^- \rightarrow 4H_2O + 4e^- \tag{6-1}$$

阳极反应为

$$O_2 + 2H_2O + 4e^- \rightarrow 4OH^- \tag{6-2}$$

碱性燃料工作温度大约为 80℃，并且它的启动速度也很快，但其电池密度是质子交换膜燃料电池密度的 1/10，因而其体积是质子交换膜燃料电池的 10 倍，不太适合用于交通运输工具[②]。

① 刘洁，王菊香，邢志娜，等．燃料电池研究进展及发展探析［J］．节能技术，2010，28（4）：365.
② 贾林，邵震宇．燃料电池的应用与发展［J］．煤气与热力，2005，25（4）：73.

6.1.2 磷酸燃料电池（PAFC）

磷酸燃料电池使用液体磷酸为电解质。磷酸燃料电池的工作温度要比其他种类的燃料电池工作温度略高，为 150 ～ 200℃，需要电极上的白金催化剂来加速反应。由于其工作温度较高，因此反应速度较快。

磷酸燃料电池中采用的是 100%磷酸电解质，其常温下是固体，相变温度是 42℃。氢气燃料被加入阳极，在催化剂作用下被氧化成质子。氢质子和水结合成水合质子，同时释放出两个自由电子。电子向阴极运动，而水合质子通过磷酸电解质向阴极移动。因此，在阴极上，电子、水合质子和氧气在催化剂的作用下生成水分子。其电极反应如下：

阳极反应为

$$H_2 + 2H_2O \rightarrow 2H_3O^+ + 2e^- \quad (6\text{-}3)$$

阴极反应为

$$O_2 + 4H_3O^+ + 4e^- \rightarrow 6H_2O \quad (6\text{-}4)$$

总反应为

$$O_2 + 2H_2 \rightarrow 2H_2O \quad (6\text{-}5)$$

磷酸燃料电池的效率比其他燃料电池低，约为 40%。虽然磷酸燃料电池效率低，但是构造简单、稳定、电解质挥发度低等，可作为公共汽车的动力。同时，磷酸燃料电池也可以做固定电源，为医院、学校和小型电站提供动力。相关资料显示，由美国国际燃料电池公司（IFC）与日本东芝公司联合组建的 ONSI 公司的 PC25 系列（200 kW）磷酸燃料电池最长的运行时间为 4 万小时。2001 年，一座 PC25C 型燃料电池电站在中国投入运行，它主要由日本的日本产业技术综合开发机构（NEDO）资助，是我国第一座燃料电池发电站。

6.1.3 熔融碳酸盐燃料电池（MCFC）

熔融碳酸盐燃料电池是由多孔陶瓷阴极、多孔陶瓷电解质隔膜、多孔金属阳极、金属极板构成的燃料电池。其电极反应如下：

阴极反应为

$$O_2 + 2CO_2 + 4e^- \rightarrow 2CO_3^{2-} \quad (6\text{-}6)$$

阳极反应为

$$2H_2 + 2CO_3^{2-} \rightarrow 2CO_2 + 2H_2O + 4e^- \quad (6\text{-}7)$$

总反应为

$$O_2 + 2H_2 \rightarrow 2H_2O \quad (6\text{-}8)$$

熔融碳酸盐燃料电池可以采用非贵重金属作为催化剂，以降低使用成本。能够耐受 CO 和 CO_2 的作用，可采用富氢燃料。用镍（Ni）或不锈钢作为电池的结构材料，材料不使用贵金属，容易获得且价格便宜。熔融碳酸盐燃料电池为高温型燃料电池，余热温度高，可以被充分利用。

美国、欧洲国家、日本都对该种燃料电池做了商业化应用研究，熔融碳酸盐燃料电池在建立高效、环境友好的大、中型的分布式电站方面具有显著优势。世界上最大的燃料电池为 10 MW。熔融碳酸盐燃料电池以天然气、煤气和各种碳氢化合物为燃料，既可以实现减少 40%以上的 CO_2 排放，也可以实现热电联供或联合循环发电，将燃料的有效利用率提高到 70%～80%。

（1）发电能力 50 kW 左右的小型熔融碳酸盐燃料电池电站，主要用于地面通信和气象台站等。

（2）发电能力在 200～500 kW 的熔融碳酸盐燃料电池中型电站，可用于水面舰船、机车、医院、海岛和边防的热电联供。

（3）发电能力在 1 000 kW 以上的熔融碳酸盐燃料电池大型电站，可与热机联合循环发电，作为区域性供电站，还可以与市电并网。

6.1.4 质子交换膜燃料电池（PEMFC）

质子交换膜燃料电池其阳极即电源负极，阴极为电源正极。其结构如图 6-2 所示，主要由质子交换膜、催化剂、阴极、阳极和流场板等组成。其电极反应如下:

阳极反应为

$$2H_2-4e^- \rightarrow 4H^+ \tag{6-9}$$

阴极反应为

$$O_2+4e^-+4H^+ \rightarrow 2H_2O \tag{6-10}$$

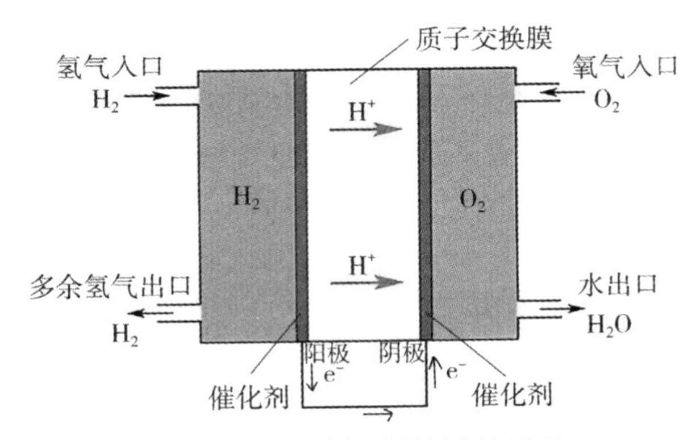

图 6-2 质子交换膜燃料电池原理

质子交换膜作为电解质，是质子交换膜燃料电池的核心组成部分，直接决定着燃料电池的性能，它在质子交换膜燃料电池中作为一种隔膜材料，除了能够隔绝燃料（H_2）与氧化剂（O_2）的接触外，还要完成质子的传递。目前，广泛采用的全氟磺酸质子交换膜为固体聚合物薄膜，厚度为 0.05 ～ 0.1 mm，它提供氢离子（质子）从阳极到达阴极的通道，而电子或气体则不能通过。催化层（剂）是将纳米量级的铂粒子用化学或物理的方法附着在质子交换膜表面，厚度约为 0.03 mm，对阳极氢的氧化和阴极氧的还原起到催化作用①。

这种燃料电池发电过程温度较低，只有 25 ～ 105℃，不受卡诺循环的限制，能量转换率高；发电单元模块化可靠性高，组装和维修都很方便。因此，质子交换膜燃料电池是电动汽车另一种清洁、高效的绿色环保电源。目前，国家大力推广的氢燃料电池就是这种质子交换膜燃料电池。

6.1.5 固体氧化物燃料电池（SOFC）

固体氧化物燃料电池使用氧化性稳定的氧化锆为固态电解质，在中、高温下直接将储存在燃料和氧化剂中的化学能转化成电能的全固态化学发电装置，属于第三代燃料电池的一种。目前，被普遍认为是与 PEMFC 相当的一种燃料电池。其工作温度为 800 ～ 1 000℃。其电极反应如下：

阳极反应为

$$H_2 + O^{2-} \rightarrow H_2O + 2e^- \text{或} \ CO + O^{2-} \rightarrow CO_2 + 2e^- \qquad (6\text{-}11)$$

阴极反应为

$$O_2 + 4e^- \rightarrow 2O^{2-} \qquad (6\text{-}12)$$

在固体氧化物燃料电池的阳极一侧持续通入燃料气，例如氢气（H_2）、甲烷（CH_4）、城市煤气等，具有催化作用的阳极表面吸附燃料气体，并通过阳极的多孔结构扩散到阳极与电解质的界面。在阴极一侧持续通入氧气或空气，具有多孔结构的阴极表面吸附氧气，由于阴极本身的催化作用，使 O_2 得到电子变为 O^{2-}，在化学势的作用下，O^{2-} 进入起电解质作用的固体氧离子导体，由于浓度梯度引起扩散，最终到达固体电解质与阳极的界面，与燃料气体发生反应，失去的电子通过外电路回到阴极②。

固体氧化物燃料电池工作温度可达 1 000℃，是目前所有燃料电池工作温度

① 衣宝廉．燃料电池：原理技术应用［M］．北京：化学工业出版社，2003：241.

② 伍永福，赵玉萍，彭军．固体氧化物燃料电池（SOFC）研究现状［EB/OL］．（2026-06-05）［2020-01-01］．http://www.paper.edu.cn/releasepaper/content/200606-50.

最高的，经由热回收技术进行热电合并发电，可以获得超过80%的热电合并效率。因为在高温下进行化学反应，所以无须使用贵重金属作为触媒，且本身具有内重整能力，可直接使用氢气、烃类（甲烷）、甲醇等作为燃料，简化了电池系统。特别适用于工业用热电合并系统及小型分布式电源市场。

6.1.6 直接甲醇燃料电池（DMFC）

直接甲醇燃料电池可直接用甲醇作为原料。直接甲醇燃料电池的电解质采用质子交换膜与 PENFC 电池基本相同，是将甲醇和水混合物送至直接甲醇燃料的多孔阳极区域，甲醇在催化剂的作用下与氧气发生反应生成二氧化碳和水，并释放出质子和电子。其电极反应如下：

阳极反应为

$$CH_3OH + H_2O \rightarrow CO_2 + 6H^+ + 6e^- \quad (6\text{-}13)$$

阴极反应为

$$O_2 + 4e^- + 4H^+ \rightarrow 2H_2O \quad (6\text{-}14)$$

总反应为

$$CH_3OH + O_2 \rightarrow CO_2 + 2H_2O \quad (6\text{-}15)$$

直接甲醇燃料电池无须将甲醇转变成氢，直接利用液体甲醇无须储存高压气体。质子交换膜是质子交换膜燃料电池的核心部分。市场上已经开发出的质子交换膜有20多种，如高氟磺酸膜、非高氟化物(如BAM_3G)、氟离子交联聚合物(GoRE)等，目前使用的交换膜都不能阻止甲醇从阳极渗透到阴极，这一现象是由甲醇的扩散和电渗共同引起的。甲醇的渗透导致阴极性能衰退，电池输出功率显著降低，质子交换膜燃料电池系统使用寿命缩短。

在应用方面，20 世纪 90 年代有厂家推出了用甲醇燃料电池给笔记本电脑供电的产品。2008 年，上海大众在北京奥运会期间推出了一款轿车，加满燃料可以行驶 300 km；南京双登推出了一款甲醇燃料电动自行车，时速 20 km，加满燃料一次行使 30 km（4 L 甲醇）。

几种燃料电池的性能对比见表 6-1，质子交换膜燃料电池与甲醇燃料电池的比功率最高，启动速度时间最短，工作温度较低。这几方面的优点让它们成为大规模商业应用的“宠儿”。

表 6-1 几种燃料电池的性能对比

电池种类	AFC	PAFC	MCFC	SOFC	PEMFC	DMFC
比功率 /($W \cdot kg^{-1}$)	35 ～ 105	100 ～ 200	30 ～ 40	15 ～ 20	300 ～ 1000	300 ～ 900

续 表

电池种类	AFC	PAFC	MCFC	SOFC	PEMFC	DMFC
燃料种类	氢气	天然气、甲醇、液化气	天然气、液化气	氢气、一氧化碳	氢气	甲醇
理论效率 /%	45 ～ 60	35 ～ 60	45 ～ 60	50 ～ 60	＞60	＞60
启动时间	几分钟	2 ～ 4 h	10 h	10 h	几分钟	几分钟
工作温度 /℃	50 ～ 200	180 ～ 220	600 ～ 700	750 ～ 1000	25 ～ 105	25 ～ 120
主要应用场景	航天领域	小型分布式	大、中型分布式	大、中型分布式	电动汽车	电动汽车、电子产品

6.2 质子交换膜燃料电池的特性

质子交换膜燃料电池的商业化速度最快，必将在近数年内得到广泛应用，所以我们重点介绍这种电池的电学特性。

与锂电池、铅酸电池、太阳能电池相同，质子交换膜燃料电池也有自己独特的电池特性。影响其性能的主要因素有电流密度、工作电压、气体压力、工作温度。因为质子交换膜燃料电池采用较薄的固体聚合物膜作为电解质，而不是使用液体电解质，所以定有较好的放电性能，可以灵活调整气体压力、电池工作温度等，让它的性能迅速达到并维持在最佳的工作状态。

6.2.1 质子交换膜燃料电池的电学特性

不同文献资料显示，单体燃料电池（单池①）在 25℃环境下理想电动势（开路电压）理论值在 1.2 ～ 1.4 V。但是实际燃料的能量不可能全部转换成电能，一部分能量要转换成热能，同时少量的燃料分子或电子在交换膜中形成内部短路电流，这些因素导致燃料电池的工作电压低于理想电动势（开路电压）。

随着工作电流密度（很多文献将电流标注为电流密度）增大，工作电压会随之下降，如图 6–3 和图 6–4 所示。电池功率随电流（电流密度）增大而变化的曲线（*P-U* 曲线）如图 6–5 所示。可见，燃料电池既想获得最高效率又想获得最大功率只是一种理想，可以说是鱼和熊掌不可兼得。只能通过优化设计，在一定的电流密度下获得较高的工作电压。燃料电池的设计是依据最终的应用要求来决定是要高功率还是高效率的。质子交换膜燃料电池电动汽车，要求高功率密度和低成本，这只有在大电流密度下工作才能实现，而此时工作电压必然下降，能量效率下降。而对于分布式电源，要求高能量效率和长寿命，这只有在高工作电压下才

① 衣宝廉．燃料电池：原理・技术・应用［M］．北京：化学工业出版社，2003：343.

能实现，而此时电流密度必然降低，功率有所下降。

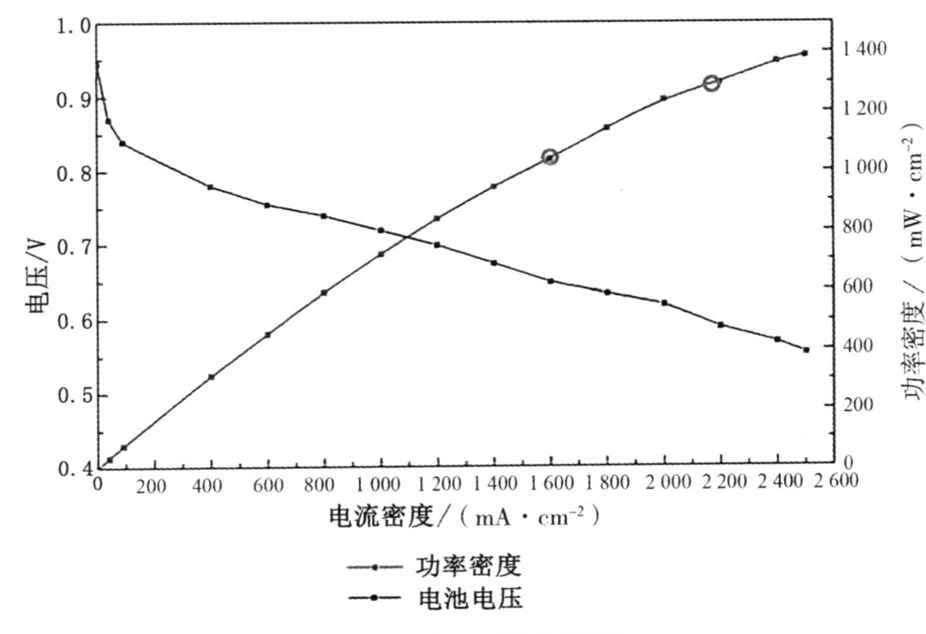

图 6-3 燃料电池的特性曲线

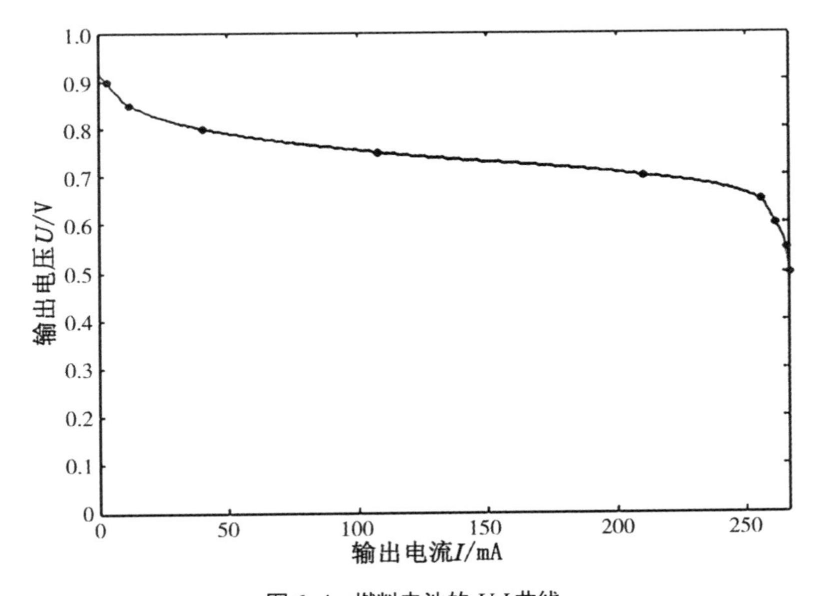

图 6-4 燃料电池的 U-I 曲线

（资料来源：http://knowledge.electrochem.org/encycl/art-f04-fuel-cells-pem.ht）

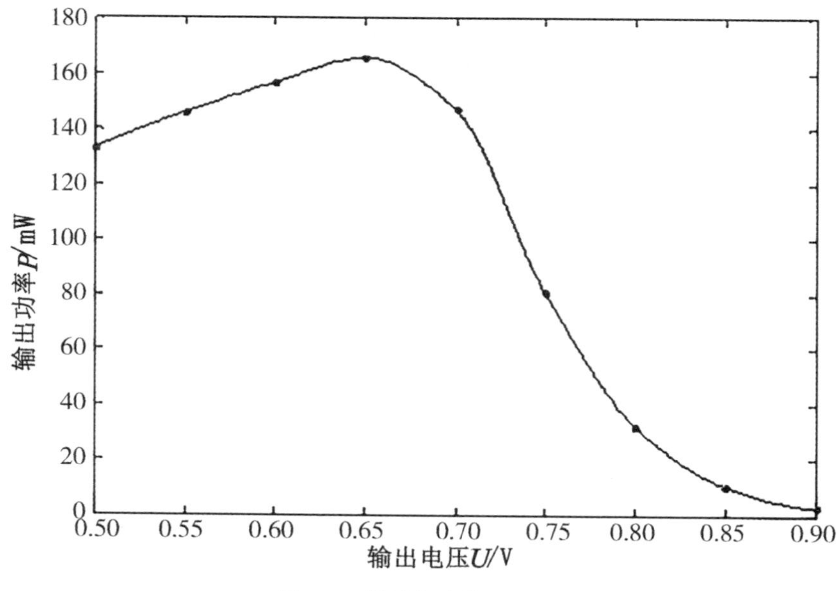

图 6-5 燃料电池的 P-U 曲线

这里需要解释一下电流密度。电流是大量电子做有规律并按照一定方向运动所形成的。在物理学中，单位时间内通过任意一个横截面（S）的电量，表示电流强度，单位是安培（A）。当通过任意一个横截面（S）的电量不均匀时，“电流强度”这个概念就不够用了，有必要引入“电流密度”这个概念。电流密度是一个矢量单位，是描述电路中某点电流强弱和流动方向的物理量。其大小等于单位时间内通过某一单位面积的电量，方向向量为单位面积相应截面的法向量，指向由正电荷通过此截面的指向确定，单位为安培 / 平方米，记作 A/m^2。它在物理中一般用 J 表示。

6.2.2 气体压力和温度对质子交换膜燃料电池的影响

质子交换膜燃料电池的工作性能与反应气体的压力有关。H_2 压力的提高能够增加质子交换膜燃料电池的电动势(电压)，同时降低电池的“电化学极化”和“浓度极化”（电化学专业名词，这里可以简单地理解为电池的内阻）。H_2 压力的增大也会增加电池的能耗。总而言之，气体压力越高，燃料电池性能越好，如图 6-6 所示，当 H_2 压力为 0.3 MPa(实线)时，燃料电池性能就优于 H_2 压力为 0.1 MPa(虚线)时的性能。

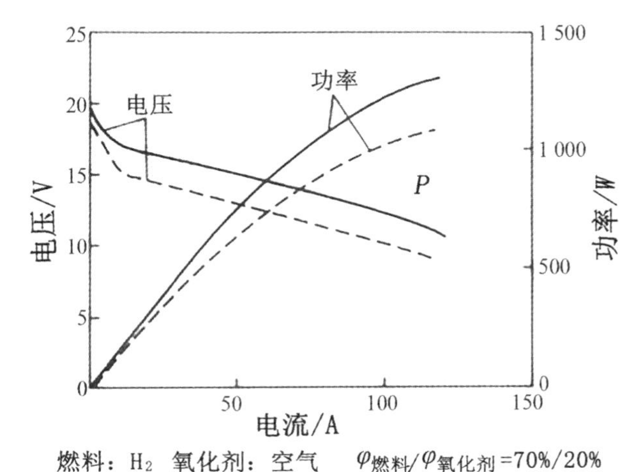

燃料：H_2 氧化剂：空气 $\varphi_{燃料}/\varphi_{氧化剂}$=70%/20%

图 6-6 燃料电池 H_2（气压 - 功率）曲线

工作温度对质子交换膜燃料电池性能也有明显影响。其温度特性主要与交换膜有关。温度升高，交换膜传质和电化学反应速度随之加快，电解质的电阻随之减小。但是温度过高，会造成交换膜脱水，导致质子电导率降低，质子交换膜的稳定性降低，可能发生分解。所以，质子交换膜燃料电池的工作温度是受限制的。

为保证交换膜具有良好的质子传导性，还应该保持其适当的湿度。在正常工作环境下，质子交换膜燃料电池的工作温度不能高于 80℃，在 0.4 ～ 0.5 MPa 压力下不能超过 102℃（上限）。工作温度对燃料电池性能的影响如图 6-7 所示，*U-I* 密度曲线线性区斜率绝对值随着温度的升高而降低，这说明电池内阻减小，此时在相同的电流密度下，工作电压升高，燃料电池的功率增大，效率也有所提高。

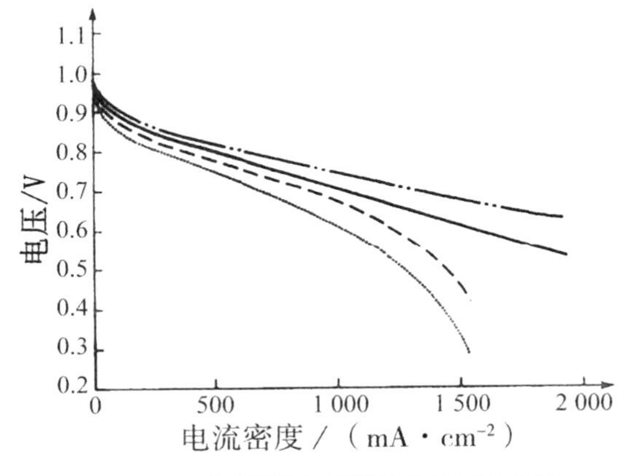

图 6-7 不同温度下燃料电池 *U-I* 曲线

因为要进行气压管理、热管理、湿度管理，所以燃料电池有着比锂电池更复杂的管理系统。这些系统包括氢气供给循环系统、空气供给循环系统（空压机）、水热管理系统（加湿器）、电控系统。

6.3 商用质子交换膜燃料电池系统的组成

6.3.1 燃料电池电堆

单片质子交换膜燃料电池的特性就好比太阳能电池组件中的一片电池片，主流的太阳能电池组件是由 60 片或 72 片电池片串联在一起后封装成的，燃料电池也一样，是用多片单电池串联在一起得到相应的电压和功率封装而成的单片燃料电池（单电池），如图 6–8 所示。燃料电池电堆如图 6–9 所示，是由多片燃料电池封装在一起的。轿车用燃料电池系统集成在一起封装后的实物如图 6–10 所示，包含所有气压、热、湿度控制系统。

图 6–8　单片燃料电池

图 6–9　燃料电池电堆

图 6–10　轿车用燃料电池电堆系统

根据图 6–4 燃料电池的 *U-I* 曲线，电压随电流的变大而变小。在正常工作状态下，单片燃料电池的电压维持在 0.6 ～ 0.9 V，相对应的电流密度为 200 ～ 900 mA/cm^2（实际情况会略有所不同）。

假设需要给一个 24 V 1 kW 的负载供电，需要 35 ～ 40 片单片电池串联在一起，则：24 V ÷ 0.7 V/ 片 ≈ 35 片；24 V ÷ 0.6 V/ 片 = 40 片。

24 V 1 kW 负载需要 42 A 的电流，0.7 V 电压参考 *U-I* 曲线对应的电流约为 500 mA，则 42 000 mA ÷ 500 mA / cm^2 = 84 cm^2，即电池面积需要 84 cm^2。如果参考 0.6 V 的电压，虽然输出电流会更大一些，但是效率会随之降低。

根据丰田公司公开的 Mirai 燃料电池汽车的参数，该车型的电池功率为 113 kW，由 370 片单片电池组成。通用 Hy–wire 氢动三号功率约为 60 kW，由

200片单片电池组成[①]。

燃料电池系统的串联设计相对于光伏发电系统的串联设计是比较复杂的，要考虑的外界环境参数比较多。由于牵扯电化学很多不能精确定量的因素，因此在设计上需要引入专业的设计软件。目前，国内高校使用的是基于MATLAB的一块插件包FEMALB，它的应用范围很广，包括声学、生物科学、化学反应等。

6.3.2 燃料储存系统

甲醇电池燃料液态储存与汽油柴油储存方式差别不大，这里不再赘述，我们重点了解氢燃料电池储存。

1. 高压气瓶储氢

氢气跟汽油、柴油不同，常温下是气体，密度非常低，非常难以液化，常温下更是无法液化，所以氢气要安全储藏和运输并不容易。因此，氢气无法像汽油那样直接使用普通油箱。电动汽车一般使用储氢罐，通过高压的方式充入氢气。以目前的主流储存技术，大多厂家选用35 MPa和70 MPa两种高压储气罐，类似家用的“煤气罐”，只不过罐体更厚重。很多城市有天然气出租车，类似的高压储气瓶都放在后备厢。

根据国泰君安证券的研究资料显示，氢燃料电池在重型交通领域，具有明显的优势。随着车重和续航的提升，燃料电池汽车成本将逐步接近甚至低于纯电动汽车。

在轻型客运方面，续航里程在600 km以内，纯电动汽车的成本要明显低于氢燃料电池汽车，但续航里程在600 km以上，电动汽车的成本则大幅上升，超过燃料电池汽车成本。在重型货运方面，续航里程达400 km以上，燃料电池汽车成本将显著低于纯电动汽车成本。因此，相对于锂电池，氢燃料电池在重型交通领域，具有更强的技术适应性。

氢气是一种无色、无味且高度易燃的气体。氢气本身无毒，但具有极强的扩散能力，泄漏的氢气很容易被周围的空气稀释而不易被察觉。鉴于这种特点，重型汽车的氢气瓶一般布置在车辆顶部（见图6-11），这样一方面便于泄漏时快速扩散，另一方面泄漏的氢气不会扩散到乘客区和其他电气集中区域，避免发生爆炸。氢气瓶布置在车顶还能提升整体的空间利用率。氢瓶组储氢口设置氢浓度传感器，一旦检测到氢浓度超过限定值就会立即发出警报，关闭氢气供给。

---

① BAKER R，ZHANG J J.Proton exchange membrane or polymer electrolyte membrane (pem)fuel cells［EB/OL］.（2011-04-11）［2021-12-14］. http://www.elecfans.com/d/697179.html.

图 6-11　燃料电池电动客车

高压气瓶除了以安全为第一要素外，储气瓶的轻量化也是研究的重点。以丰田 Mirai 车型为例，122.4 L 储气瓶采用 70 个大气压储存，能容纳约 5 kg 的氢气，续航里程为 550 km。目前，海外市场主流储气瓶由碳纤维缠绕铝内胆储氢瓶、组合式瓶阀、溢流阀、减压阀、压力、温度传感器等组成。另根据燃料电池发动机工程技术研究中心资料，目前我国使用的压力为 35 MPa 的碳纤维缠绕金属内胆气瓶（3 型瓶）的储氢密度为 3.9%，通过提高压力到 70 MPa 可达 5%；而采用碳纤维缠绕塑料内胆气瓶（4 型瓶）储氢密度可以进一步提高到 5.5%。我国尚未掌握 4 型瓶制造技术，在 70 MPa 的 3 型瓶方面仅有研发成果，没有产品。碳纤维缠绕储气瓶结构如图 6-12 所示。

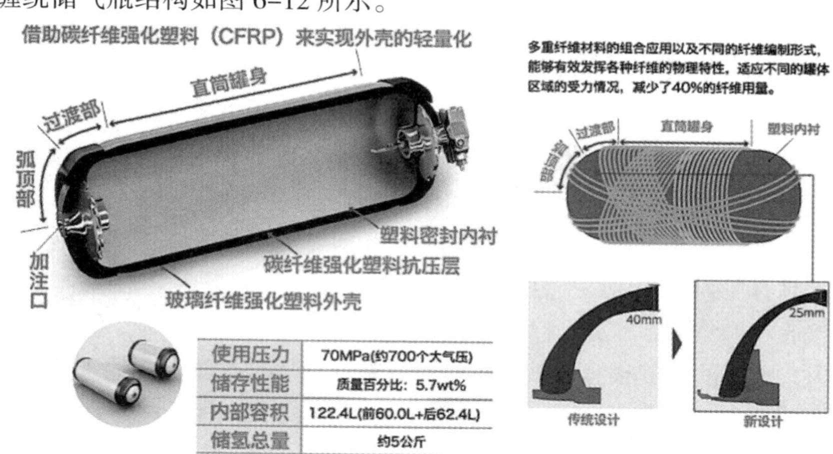

图 6-12　碳纤维缠绕储气瓶结构

（资料来源：http://www.elecfans.com/d/697179.html.）

燃料电池被广泛地应用在军用领域。20 世纪 80 年代初，西门子公司开始研究质子交换膜燃料做电源的不依赖空气动力装置潜艇（Air Independent Propulsion，

AIP）。时至今日，德国 AIP 技术已经相当成熟与完善，2003 年 4 月 7 日试航了投资达 27.6 亿德国马克的 212A 型 U31 潜艇，这是世界上第一艘现代化的 AIP 质子交换膜燃料电池潜艇（见图 6–13）。U31 潜艇采用由燃料电池和柴—电动力系统组成的混合动力系统，其中燃料电池动力系统总功率为 306 kW，具有体积小、无腐蚀、功率密度大、使用寿命长、不用空气等特点。U31 潜艇用燃料电池提供的动力驱动，可在水下连续潜行 3 周[①]。

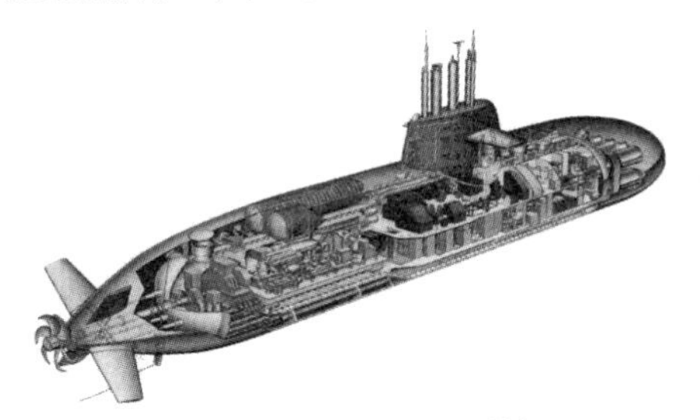

图 6–13 德国燃料电池潜艇

潜艇重量是电动公交车的百倍，既需要大功率发动机，也需要大量的氢气。潜艇发动机使用的氢气不能用气瓶，而需要另一种存储方式。这项储氢技术是把氢以金属氢化物的形式储存在合金中，即在一定温度和压力下把金属放置在氢气中，金属吸收大量的氢气，生成金属氢化物，在加热条件下，金属氢化物又释放出氢气。U31 潜艇的钢瓶采用铁 – 钛合金材料，在真空中该合金在吸收氢气时放热，脱氢时吸热，在低温低压下储氢。合金吸氢量可达合金质量的 2%（质量分数），单支储氢钢瓶直径约 0.5 m，长度约 5.2 m，质量约 4 200 kg，其中储存氢气大约 84 kg。日本丰田公司开发出的新型钛系贮氢合金，其贮氢能力是传统合金的 2 倍以上。

物理吸附类材料主要是通过范德华力将氢气可逆地吸附在比表面积高的多孔材料上，这种方法具有储氢方式简单、吸放氢容易等优点。这种材料包括碳基材料(如石墨、活性炭、碳纳米管)、无机多孔材料（如沸石分子筛）和金属有机骨架化合物等。由于大多数物理吸附类材料只有在较低的温度下才能达到一定的储氢密度。常温、常压下吸氢量很低，所以限制了其应用，但其作为车载动力储氢材料，可以通过控制压力达到较大的瞬时氢脱附量，这是化学吸附类材料所不具备的优势，见表 6–2。如果能开发出在常温下具有较高储氢量的物理吸附类材

① 李国超，简弃非，孙绍云．质子交换膜燃料电池在军事中的应用前景［J］．兵工学报，2007，28（4）：489.

料，将对未来以氢为动力的移动装置产生重要影响[①]。

表 6–2　储氢方式对比

储氢方式	高压气态储氢	低温液态储氢	固态储氢材料储氢
单位质量储氢密度 /%（质量分数）	约 4.5（高压）	约 5.1	1.0 ～ 2.6
单位体积储氢密度 /（kgH_2/m^3%）	26.35（40 MPa，20℃） 39.75（70 MPa，20℃）	36.6	25 ～ 40
优点	应用广泛、简便易行；成本低；充放气速度较快；在常温下就可进行	储氢密度大、安全性较高	体积储氢容量大；无须高压及隔热容器；安全性高，无爆炸危险；可得到高纯氢
缺点	需要厚重的耐压容器；要消耗较大的氢气压缩功；有氢气泄漏和容器爆破等不安全因素	氢气液化成本高、能量损失大，需要极好的绝热装置来隔热	技术复杂、投资大、运行成本高
关键部件	厚重的耐压容器	冷却装置，同时配备极好的保温绝热保护层	利用稀土等储氢材料做成的金属氢化物储氢装置
关键技术	氢气压缩技术	冷却技术，绝热措施	在一定温度和氢气压力下，能可逆地大量吸收、储存和释放氢气
成本	较低	较高	较高

资料来源：http://news.bitauto.com/hao/wenzhang/986629.

上述潜艇、汽车中，燃料电池都不是唯一的动力源。潜艇比较复杂，包括传统的柴油机、锂电池组、燃料电池组三种动力。燃料电池汽车包括燃料电池和锂电池（见图 6–14）。

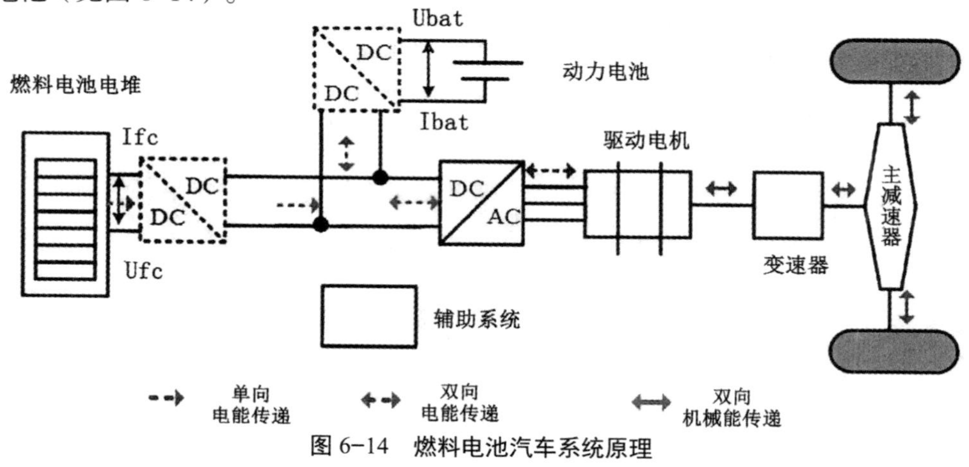

图 6–14　燃料电池汽车系统原理

① 张四奇 . 固体储氢材料的研究综述［J］. 材料研究与应用，2017，11（4）：213.

之所以这么设计，是因为燃料电池慢。燃料电池的输出受限于诸多因素，由于有气体参与反应，燃料电池的输出特性很“软”，因此它无法应对剧烈的功率需求变化。比如，驾驶员频繁踩油门，系统加大氢气输出量，压力上升，电流密度逐渐提高，同时电压却在下降，不仅响应慢，变化的电压也影响了整个电系统的效率。图 6-15 所示为一台额定功率 55 kW 燃料电池从起动到最大功率的输出仿真曲线，需要 20 ～ 25 s 才能达到最大额定功率。

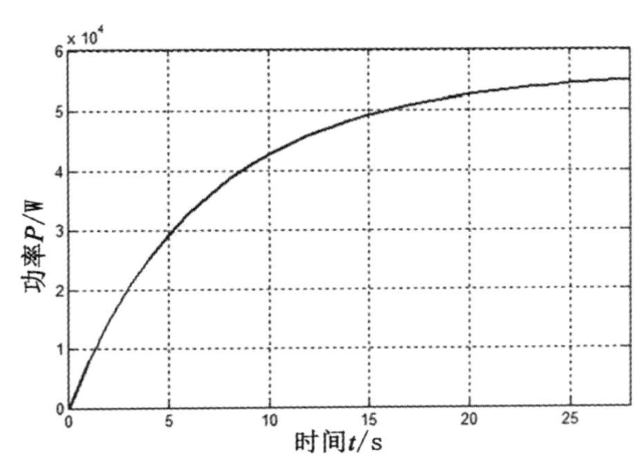

图 6-15　燃料电池功率 - 时间曲线

由于慢，所以燃料电池很难像电池或发动机那样成为电动汽车的单一能量源。在实际设计中，一般燃料电池会与蓄电池或超级电容组成电 - 电混合动力系统。依靠输出更稳定、响应更快的蓄电池来满足高频的动力需求，而让燃料电池尽量平稳输出。换句话说，锂电池用来加速，燃料电池用来维持速度。对比几款燃料电池汽车的数据，锂电池与燃料电池输出的能量比值为 1 ∶ 4。

6.3.3 氢气的制备、运输

1. 氢气的制备

氢能是一种二次能源，不可以直接获得，需要通过制备获得。目前，制氢技术主要有传统能源和生物质的热化学重整、水的电解和光解。其中，天然气制氢是现今最主流的形式，但电解水制氢的可提升空间更广阔。煤气化制氢和天然气重整制氢的 CO_2 排放量均较高，对环境不友好，即化石燃料制取氢气不可持续，不能解决能源和环境的根本矛盾。而电解水制氢是可持续和低污染的，有望成为未来制取氢气的主流方式。目前，在主流制氢方法中，煤气化制氢的成本最低，而电解水制氢成本远高于石化燃料。此外，对于石油售价而言，煤气化制氢和天然气重整制氢存在一定的利润空间。

（1）煤炭制氢：以煤在蒸汽条件下气化，产生含氢和一氧化碳的合成气，合成气经变换和分离制得氢气，可以制取纯度大于99%的氢气。氢气成本在10～15元/kg。

（2）天然气、石油制氢：天然气、石油产品生成一氧化碳同水的合成气，然后通过变压吸附法或膜分离法转化为二氧化碳和氢气，从而制取高纯度氢气。氢气成本与煤炭类似。

（3）甲醇、氨制氢：甲醇裂解制氢、氨分解制氢等都属于含氢化合物高温热分解制氢，含氢化合物由一次能源制得。

（4）工业尾气制氢：包括合成氨生产尾气，炼油厂回收富氢气体制氢，氯碱厂回收副产氢制氢，焦炉煤气中氢的回收利用。氢气成本在8～14元/kg。

（5）电解水制氢：采用这种方式制氢，每生产1 m^3 常温常压氢气（1 m^3 氢气约为0.09 kg）需要消耗电能5～5.5 kW·h，采用最便宜的谷电制氢[如0.3元/(kW·h)]，加上电费以外的固定成本(0.3～0.5元/m^3)，综合成本在1.8～2.0元/m^3，即制氢成本为20～22元/kg。

根据国家发展改革委能源所的研究得出的数据，如果是利用当前的可再生能源弃电制氢，弃电按0.1元/(kW·h)计算，则制氢成本可下降至约10元/kg，这与煤制氢或天然气制氢的价格相当；但是电价如果按照2017年的全国大工业平均电价0.6元/(kW·h)计算，则制氢成本约为38元/(kW·h)，成本远高于其他制氢方式（见表6–3）。

表6–3　制氢成本

制氢种类	制氢方式	能源价格	制氢成本/(元/kg)
电解制氢	低谷电	0.3元/(kW·h)	20
	大工业用电	0.6元/(kW·h)	38
	可再生能源弃电	0.1元/(kW·h)	10
化石能源制氢	天然气	3元/m^3	13
	煤炭	550元/t	10
工业副产氢		NA	8～14

资料来源：国家发展改革委能源所数据。

根据光大证券提供的资料，目前主要的制氢原料95%以上来源于传统能源的化学重整(48%来自天然气重整，30%来自醇类重整，18%来自焦炉煤气重整)，

4%左右来源于电解水。日本盐水电解产能占所有制氢产能的63%，此外产能占比较高的还包括天然气改质（8%）、乙烯制氢（7%）、焦炉煤气制氢（6%）和甲醇改质（6%）。

加氢站类似于城市的天然气汽车加气站，是氢燃料电池产业化、商业化的重要基础设施。2017年，我国加氢站建设提速，从2016年的3座增加到8座。《中国制造2025》《节能与新能源汽车技术路线图》《中国氢能产业基础设施发展蓝皮书（2016）》明确提出了2020—2030年的加氢站建设规划（见图6-16）。

《节能与新能源汽车技术路线图》	《中国氢能产业基础设施发展蓝皮书（2016）》	《中国制造2025》
● 到2020年建设100座加氢站 ● 到2025年建设350座加氢站 ● 到2030年建设100座加氢站	● 到2020年建设100座加氢站 ● 到2030年建设100座加氢站 ● 到2050年加氢站服务区域覆盖全国氢能产业发达地区	● 到2020年生产1 000辆燃料电池汽车并进行示范运营 ● 到2025年实现加氢站等配套基础设施完善

图6-16　国家加氢站规划

2. 氢气的运输

目前，成熟的氢气储运技术可以分为高压气态运输、液态运输两类。其中，高压气态运输（类似天然气运输用气柱，见图6-17）由于技术实现简单及成本低等特征，应用最广泛，而液态运输次之。另外，还有有机载体与固态运输两种处于试验阶段，尚不成熟。

图6-17　运输气体用集装管束拖车

管道输送是另外一种气体输送方式，与城市居民用天然气输送一样，通过在地下埋设无缝钢管系统进行氢气输送，管道内压力一般为 4 MPa，气体速度可达到 20 m/s。管道运输具有速度快、效率高的特点，但管道重复建设需要开挖路面，氢气用处单一，不像天然气那样用处广泛。

液态氢运输是将氢气于 −250℃低温下转化为液态，采用罐车运输。相对于高压气态运输，液氢具有更高的密度，运输效率大幅提高。但氢气液化能耗较高，据相关资料显示，液化 1 kg 氢气需要消电 15 kW · h，同时以防止液氢在运输过程沸腾具有极高的保温要求，因而成本很高。

关于氢气运输的成本目前没有统一的标准，在马建新等发表的《加氢站氢气运输方案比选》中，通过建模的方式对长管拖车、液氢槽车、管道输送等运输方式的成本进行了分析，在模型中他们固定氢源到加氢站的运输距离为 50 km，考虑固定设备投资、人工、能耗及运行维护成本等因素，最后得出结论，当加氢站的数量在 8 个以上时，长管拖车运输成本稳定在 2.3 元 /kg，折合 46 元 /（t · km）；当加氢站的数量少于 8 个且规模较小时，长管拖车的利用率较低，这将增加单位成本，最高单位运输成本为 4.7 元 /kg，折合为 94 元 /（t · km）。液氢槽车的运输成本最低，随着加氢站数量和规模的增加，最低可为 0.4 元 /kg，折合为 8 元 /（t · km），但是没有考虑氢气液化及蒸发的成本，氢气液化设备的投资巨大，一个日处理量为 120 t 氢气的液化厂投资约 9 000 万美元，一个每小时液化能力为 30 t 的液化厂，液化成本为 4.5 元 /kg，因此若考虑液化成本，长管拖车运输氢气的成本在目前是比较低的。管道运输氢气的成本主要跟运送量（加氢站的规模）相关，当运送量达到 1 500 kg /d 以上，氢气的运输成本为 120 元 /（t · km）。氢气运输加注流程如图 6–18 所示。

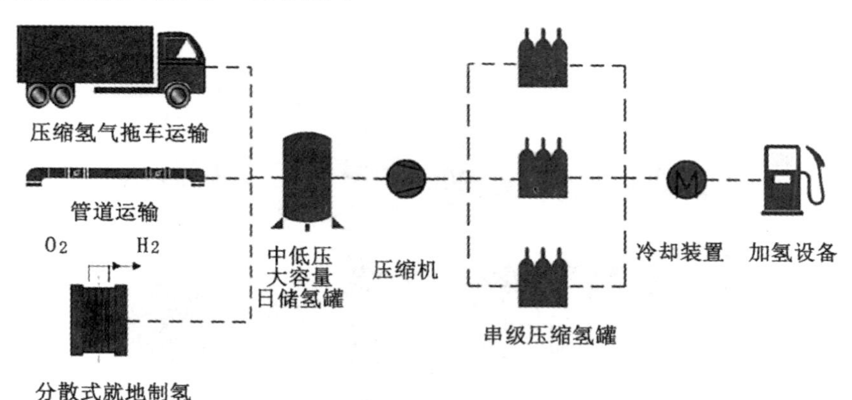

图 6–18　氢气运输加注流程

（资料来源：https://www.jiaonengwang.com/index.）

6.4 国家鼓励发展氢能源的相关政策

2001 年，我国就确立了“863 计划电动汽车重大专项”项目，确定“三纵三横”战略，以纯电动、混合电动和燃料电池汽车为“三纵”，以多能源动力总成控制、驱动电机和动力蓄电池为“三横”。随着燃料电池产业发展逐渐成熟，支持力度也逐渐加大。2016 年 11 月，《“十三五”国家战略性新兴产业发展规划》提出系统推进燃料电池汽车研发和产业化。

2010 年发布的《私人购买新能源汽车试点财政补助资金管理暂行办法》中，燃料电池汽车并未纳入补助范围。由此可见，当时对燃料电池车的补贴主要集中在商用车领域，这一思路延续到了现在，即电动汽车主打短途乘用车领域，燃料电池汽车主攻长途、载重的商用车领域。另外，说明了当时的决策层认为燃料电池汽车并不能快速小型化、商业化，将技术发展的重心放在了储能电池上。

2013 年，《关于继续开展新能源汽车推广应用工作的通知》重新将燃料电池车纳入新能源汽车补贴范围。当时的燃料电池汽车补贴标准简单粗暴地分为商用车补贴 50 万元和乘用车补贴 20 万元两种。

根据《中华人民共和国国民经济和社会发展第十四个五年规划和 2035 年远景目标》，到 2025 年，形成较为完善的氢能产业发展制度政策环境，产业创新能力显著提高，基本掌握核心技术和制造工艺，初步建立较为完整的供应链和产业体系。氢能示范应用取得明显成效，清洁能源制氢及氢能储运技术取得较大进展，市场竞争力大幅提升，初步建立以工业副产氢和可再生能源制氢就近利用为主的氢能供应体系。燃料电池车辆保有量约 5 万辆，部署建设一批加氢站。可再生能源制氢量达到 10 ～ 20 万吨 / 年，成为新增氢能消费的重要组成部分，实现二氧化碳减排 100 ～ 200 万吨 / 年。再经过 5 年的发展，到 2030 年，形成较为完备的氢能产业技 术创新体系、清洁能源制氢及供应体系，产业布局合理有序，可再生能源制氢广泛应用，有力支撑碳达峰目标实现。 到 2035 年，形成氢能产业体系，构建涵盖交通、储能、工业等领域的多元氢能应用生态。可再生能源制氢在终端能源消费中的比重明显提升，对能源绿色转型发展起到重要支撑作用。